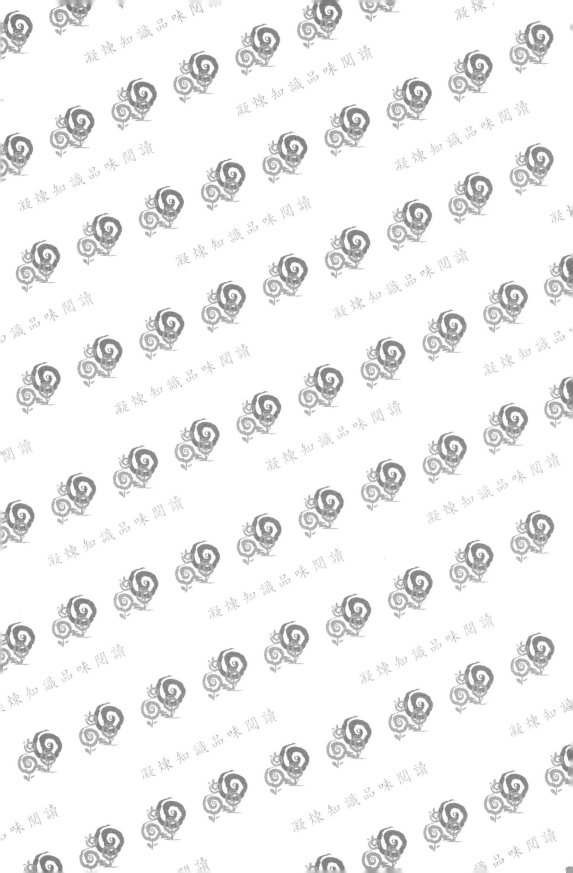

圖解系列

圖解

物流管理

第四版

張福榮 著

五南圖書出版公司 印行

作者序

　　物流管理近年來已成為企業重視的專業技術，不僅可透過它降低營運成本，更是企業競爭力的利器之一。隨著供應鏈管理與全球運籌管理之崛起，更與營運模式之改變息息相關。物流管理不僅是一種理論，也是企業不可或缺的一項管理技術，所以它是一門理論與實務結合的學問與技術。本書即是遵循此概念進行撰寫，期能對讀者有所助益。

　　《圖解物流管理》一書，係結合文字與圖形之對照，不僅透過圖形簡明扼要來呈現物流管理的某一特定議題或內容，且能運用文字淺顯的說明與補充，使得讀者在不熟悉物流管理的情形下，能快速且有效率地認識它；同時更是一種符合現代講求效率的讀者所需要的撰寫方式，期使讀者對物流管理帶來更多的理解與認識。

張福榮 敬上

本書目錄

作者序

第 ① 章 物流概論

Unit 1-1	個案 樂百氏如何建立物流體系	002
Unit 1-2	物流定義	004
Unit 1-3	企業物流系統之評估步驟	006
Unit 1-4	設立物流系統應考量之因素	008
Unit 1-5	物流系統計畫之擬定步驟	010
Unit 1-6	物流系統修正之考量	012
Unit 1-7	個案 DHL的全球整合性物流	014
Unit 1-8	個案 SAP重構創捷供應鏈管理平臺，解決物流管理	016

第 ② 章 物流之營運管理

Unit 2-1	個案 麥當勞和夏暉的合作──獨特外包模式	020
Unit 2-2	物流作業系統──進貨與盤點 Part I	022
Unit 2-3	物流作業系統──進貨與盤點 Part II	024
Unit 2-4	物流作業系統──進貨與盤點 Part III	026
Unit 2-5	物流作業系統──補貨、出貨與退貨	028
Unit 2-6	物流成本管理──制度面	030
Unit 2-7	物流成本管理──作業基礎成本制度之實務	032
Unit 2-8	物流組織	034
Unit 2-9	訂單處理──作業程序	036
Unit 2-10	訂單處理──狀況管理與資料分析	038
Unit 2-11	存貨管理──分類與管理決策	040
Unit 2-12	存貨管理──控制系統	042
Unit 2-13	採購管理──供應商選擇	044

本書目錄

Unit 2-14	採購管理——採購實務	046
Unit 2-15	顧客服務	048
Unit 2-16	物流管理評估——評估指標之選擇	050
Unit 2-17	物流管理評估——評估指標之應用Part I	052
Unit 2-18	物流管理評估——評估指標之應用Part II	054
Unit 2-19	個案 家樂福庫存控制策略	056
Unit 2-20	個案 富士康出現嚴重採購弊端	058
Unit 2-21	個案 新加坡普洛斯創新物流地產經營模式	060

第 3 章　倉儲管理

Unit 3-1	個案 IKEA的庫存管理與物流設備	064
Unit 3-2	倉儲系統化規劃——計畫準備與設計Part I	066
Unit 3-3	倉儲系統化規劃——計畫準備與設計Part II	068
Unit 3-4	倉儲系統化規劃——方案評估與細部規劃	070
Unit 3-5	倉庫管理——倉庫型態與地點選擇	072
Unit 3-6	倉庫管理——倉庫設計與自動倉儲系統 Part I	074
Unit 3-7	倉庫管理——倉庫設計與自動倉儲系統 Part II	076
Unit 3-8	倉儲設備管理——儲存設備	078
Unit 3-9	倉儲設備管理——輸送設備	080
Unit 3-10	倉儲設備管理——搬運設備	082
Unit 3-11	儲位管理——基本概念	084
Unit 3-12	儲位管理——儲位工作分析	086
Unit 3-13	儲位管理——儲區空間設計與儲放設備選擇	088
Unit 3-14	儲位管理——儲位編碼與儲位指派	090
Unit 3-15	搬運管理	092
Unit 3-16	揀貨管理——揀貨作業概念	094

Unit 3-17	揀貨管理——規劃與改善	096
Unit 3-18	包裝	098
Unit 3-19	個案　Boxbee創新性儲存物流公司	100
Unit 3-20	個案　小型服裝企業物流倉儲管理	102
Unit 3-21	個案　一座總倉是管理供應鏈庫存的鑰匙	104

第 4 章　運輸管理

Unit 4-1	個案　IKEA的包裝管理與運輸管理	108
Unit 4-2	運輸系統規劃	110
Unit 4-3	運輸型態與複合運輸	112
Unit 4-4	貨物運輸方式與單位裝載化	114
Unit 4-5	個案　DHL：布滿溫控器的列車	116
Unit 4-6	個案　海爾大件配送進入本地社區	118

第 5 章　物流之資訊管理

Unit 5-1	個案　支援電商需求的倉儲管理系統設計	122
Unit 5-2	物流資訊系統之建立與資料投入	124
Unit 5-3	物流資料之分析與產出	126
Unit 5-4	條碼系統管理——條碼種類	128
Unit 5-5	條碼系統管理——商品條碼與EAN條碼	130
Unit 5-6	POS系統	132
Unit 5-7	POS系統之導入步驟與效益	134
Unit 5-8	RFID系統	136
Unit 5-9	物流電子化——準備階段	138
Unit 5-10	物流電子化——評估階段	140
Unit 5-11	物流電子化——規劃階段	142
Unit 5-12	物流電子化——建置階段	144

Unit 5-13　個案　中鋼公司電子商務系統　146

Unit 5-14　個案　台積電虛擬工廠　148

第 **6** 章　物流之重要議題

Unit 6-1　個案　RFID智慧感測技術在雲端化冷鏈物流平臺之應用　152

Unit 6-2　國際物流　154

Unit 6-3　物流中心種類　156

Unit 6-4　成立物流中心之規劃工作　158

Unit 6-5　物流中心之策略　160

Unit 6-6　物流共同化的型態　162

Unit 6-7　物流共同化之設計　164

Unit 6-8　流通物流　166

Unit 6-9　冷鏈物流之規劃　168

Unit 6-10　冷鏈物流之管理　170

Unit 6-11　委外物流基本作法　172

Unit 6-12　企業物流委外合約　174

Unit 6-13　物流委外之績效評估與合作關係　176

Unit 6-14　第三方物流　178

Unit 6-15　第四方物流　180

Unit 6-16　供應管理　182

Unit 6-17　供應商發展　184

Unit 6-18　供應商關係管理　186

Unit 6-19　供應商庫存管理　188

Unit 6-20　逆向物流作業　190

Unit 6-21　逆向物流管理之策略　192

Unit 6-22	個案　美西封港效應與供應鏈管理	194
Unit 6-23	個案　臺灣P&G公司的VMI系統	196
Unit 6-24	個案　日本YAMATO價值網絡	198

第 **7** 章　與物流管理有關之課題

Unit 7-1	個案　IKEA的綠色供應鏈管理	202
Unit 7-2	供應鏈	204
Unit 7-3	長鞭效應	206
Unit 7-4	供應鏈管理	208
Unit 7-5	供應鏈管理所面對問題及應有作法	210
Unit 7-6	全球運籌管理	212
Unit 7-7	全球運籌管理模式與可能面臨問題	214
Unit 7-8	全球運籌管理營運體系之建構	216
Unit 7-9	企業資源規劃	218
Unit 7-10	導入ERP作法	220
Unit 7-11	商業快速回應系統	222
Unit 7-12	共同規劃、預測及補貨系統	224
Unit 7-13	電子採購	226
Unit 7-14	電子採購系統建置之原則與推動步驟 Part I	228
Unit 7-15	電子採購系統建置之原則與推動步驟Part II	230
Unit 7-16	電子交易市集	232
Unit 7-17	電子交易市集之成功關鍵因素	234
Unit 7-18	電子交易市集模式與生態	236
Unit 7-19	個案　國際大廠採購盛行網路競標	238
Unit 7-20	個案　德記洋行之QR運作	240

第 **1** 章
物流概論

章節體系架構 ▼

Unit 1-1　個案　樂百氏如何建立物流體系

Unit 1-2　物流定義

Unit 1-3　企業物流系統之評估步驟

Unit 1-4　設立物流系統應考量之因素

Unit 1-5　物流系統計畫之擬定步驟

Unit 1-6　物流系統修正之考量

Unit 1-7　個案　DHL的全球整合性物流

Unit 1-8　個案　SAP重構創捷供應鏈管理平臺，解決物流管理

Unit 1-1
個案　樂百氏如何建立物流體系

　　1999年底，何伯權談到市場創新時首次提出建設配送中心。為支持2000年強力推行以深度分銷為核心的市場網路建設，考慮建立配送中心，讓產品更快到達經銷商、分銷商，甚至零售商手上。公司準備在中國範圍內建設十多個配送中心，包括一級配送中心和二級配送中心，一級配送中心輻射周邊數省，二級配送中心主要服務各省，兩者互為補充，覆蓋中國全國市場。

　　樂百氏決定根據各地實際情況分別採取自己建設或由專業物流公司代理兩種方式建立配送中心。組成配送中心項目工作小組，明確銷售部、儲運科等相關部門的職責，並由銷售部負責全國配送中心建設的主導工作，儲運科全權負責整個建設過程的追蹤、指導、協調配送中心的管理。

　　2000年1月初，樂百氏選擇在武漢進行第一個配送中心試點的工作。配送中心的資訊軟體建設則由儲運科等共同派員與配送中心SAP系統的建設，完成系統配置、客戶數據等大量工作，4月底現場上線。其他配送中心依序推動完成。

　　對已經投入運作的配送中心，進一步完善其內部管理和配送功能，要從高標準、規範性、可操作性、可檢驗性和服務意識等方面去提高和完善；並開始選擇部分配送中心所在城市進行直銷配送試點，直銷配送不僅涉及物流，並包括價格、收款方式、電子商務等；同時，做出一套適合配送中心特點的目標管理模式。儲運科也醞釀一場組織架構的改革，準備在經理下設立營運、資訊和項目三個管理系統，加強對中國全國配送網路建設的主導和對各配送中心的管理。

　　樂百氏公司總裁何伯權認為：經歷產品競爭、品質競爭和品牌競爭後，市場競爭已開始進入銷售和配送網路競爭。樂百氏在武漢、中山、華東、華北、西北的五大配送中心承擔公司約80％的貨物發送，配送網路覆蓋區域達二十多個省。陸續將華北、東北、華東、中南、華南、西南和西北七大配送中心建立起來，形成一張覆蓋全國性大部分地區的配送網路。

資料來源

　　www.10000link.com，2014年3月13日。

個案情境說明

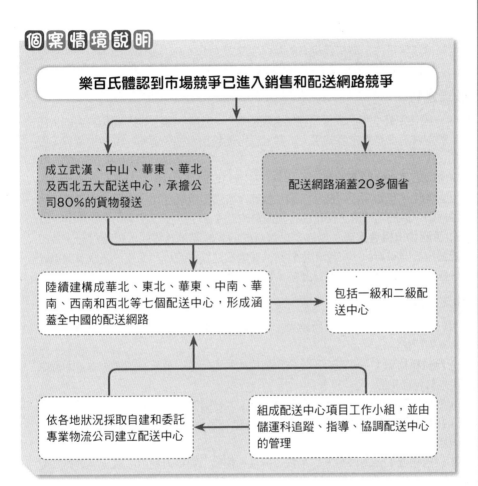

樂百氏體認到市場競爭已進入銷售和配送網路競爭

成立武漢、中山、華東、華北及西北五大配送中心，承擔公司80%的貨物發送

配送網路涵蓋20多個省

陸續建構成華北、東北、華東、中南、華南、西南和西北等七個配送中心，形成涵蓋全中國的配送網路

包括一級和二級配送中心

依各地狀況採取自建和委託專業物流公司建立配送中心

組成配送中心項目工作小組，並由儲運科追蹤、指導、協調配送中心的管理

 動動腦

◎請就中國樂百氏如何建立物流系統加以說明，並予以評論。

Unit **1-2** 物流定義

　　物流管理在今日的企業營運中愈來愈受到重視，其因在於它不但是低成本策略的根源之一，而且是企業在講求「彈性」、「速度」等條件時重要的策略工具之一。

　　隨著市場競爭激烈程度的增加，除了非價格競爭因素受到重視外，目前企業已重新設法提高價格競爭力。價格競爭力的強弱與營運成本有密切關係，而過去一向被忽視的物流（logistics）已成為降低成本的關鍵因素之一。

一、物流定義

　　(一) 一般性定義：物品或服務經過合理的處理，在人、事、地、物相符合的情況下，將它們適當送交至需求者的手上；其過程可能包括倉儲、運輸、裝卸、資訊、服務等活動。

　　(二) 中華民國物流協會定義：物流是一種物的實體流通活動的行為，在流通過程中，透過管理程序有效結合運輸、倉儲、裝卸、包裝、流通加工、資訊情報等相關物流機能性活動，以創造價值，滿足顧客及社會的需求。

　　(三) 美國物流協會定義：物流是以適合於顧客的要求為目的，對原材料、在製品、製成品與其關聯資訊，從產出地點到消費地點之間的流程與保管，為求有效率且最大的對費用之相對效果，而進行計畫、執行、管制。

二、物流種類

　　物流的種類依分類標準而有所差異，本書以其作業的對象作為分類的依據，大致可區分為下列四種：

　　(一) 原材料物流：主要是為製造業所使用的物流活動，偏重在製造業本身的倉庫內或倉庫外的各種功能。

　　(二) 生產物流：即一般製造業之廠內物流，也是過去最常被提到的物流活動。

　　(三) 銷售物流：係以零售業、批發業為主的物流活動，其間另隱含著一個很大的商機，即是流通加工。

　　(四) 逆向物流：係指供應來源減量、再生、替代、物料再利用，以及廢棄物處理等物流活動。

三、物流功能與系統

　　物流因具備許多有利功能，所以才廣為企業界所採用，大致可包括下列功能：1.提高準時送貨的目的；2.減少運輸過程中，物品可能造成的損失；3.降低營運成本，提高價格競爭力；4.運輸工具可統一調度，減少運輸工具的數量，並提高運送點整合的效果；5.加強人員的管制及服務品質；6.可統一車輛、機具的維護、保養、檢驗等作業，以及7.配合其他機能性活動，提高物品之價值。至於物流系統除製造業物流系統外，也有物流業物流系統，基本上大同小異，差別在中間處理工作項目的不同。

物流是什麼？

物流定義

什麼是物流，至今並未有一個公認的說法。

但大致上可定義為物品或服務經過合理的處理，在人、事、地、物相符合的情況下，將它們適當送交至需求者的手上；其過程可能包括倉儲、運輸、裝卸、資訊、服務等活動。

一般性定義

中華民國物流協會定義   美國物流協會定義

物流種類

① 原材料物流

② 生產物流

③ 銷售物流

④ 逆向物流

物流功能

① 準時送貨   ② 減少損失   ③ 降低成本

④ 提高運送效果   ⑤ 提高服務品質   ⑥ 維護保養整合

⑦ 提高物品價值

物流系統

物流業物流系統

供應商或客戶→物品進倉→檢驗→保管檢收→ 分類、包裝、標籤、簡易加工 →
物品出倉→指定交貨對象

製造業物流系統

供應商→物品進倉→檢驗→保管檢收→ 生產→分類包裝 →
物品出倉→零售商、批發商、消費者

Unit **1-3**
企業物流系統之評估步驟

物流系統應否自行建立，或是部分委外，甚至全部委外處理，有以下評估步驟：

一、成立評估工作小組

若企業欲評估物流系統是否自行設置時，勢必要先成立一個評估工作小組，可能是正式的組織，亦可以非正式方式構成。

二、瞭解物流系統成立必備的要件

要建立有效物流系統的必備要件，大致上包括物流人才（來源、徵才方式）、資金（多寡、來源、籌集方式）、營運方式、物流效率、物流技術五種。

三、進行環境分析

評估小組應分析總體環境對自行建立物流系統是否能提供良好的發展空間與競爭性、產業結構，以及物流業對物流系統之支援性、支持性如何等問題進行探討。

四、進行初步可行性評估

是否自設物流系統的決策必須進行初步可行性評估的階段，主要在減少決策失敗的可能性。

五、資金來源

考慮自設物流系統時，接著應考慮資金多寡與來源問題。

六、考量管理制度及組織架構

建立物流體系亦須依據公司之管理制度及組織架構，最好先依據現存的管理制度作為基礎，再依未來發展的考量，導入一些符合物流系統的管理制度。

七、進行可行性評估

對內、外在條件加以綜合性評估，以確定是否自設物流系統或委託專業物流公司。

八、物流系統軟硬體設施之規劃

當自設部分或全部物流系統可行性評估通過後，再來即針對此物流系統進行規劃。

九、正式推動各項物流相關工作

企業之物流系統不論是自設為主或委外為主，在物流系統軟硬體規劃完成後，應即刻展開各項推動工作，例如：撰寫各項物流標準作業手冊、EDI軟硬體設置等。

企業物流系統9評估步驟

1.成立評估工作小組

此評估工作小組內部之成員應包括經濟分析人員、產業分析人員、物流專業人員、財務人員、法律人員等。不過基於經費的考量，可以利用現有人員兼任。

2.瞭解物流系統成立必備的要件

①物流人才（來源、徵才方式）
②資金（多寡、來源、籌集方式）
③營運方式
④物流效率
⑤物流技術

3.進行環境分析 → 放棄
否
是

4.進行初步可行性評估 → 放棄
否
是

5.資金來源 → 放棄
否
是

資金需要多寡？資金來源？資金調度能力及調度方式？

6.考量管理制度及組織架構 → 放棄
否
是

7.進行可行性評估 → 放棄
否
是

即使企業大部分物流系統是採外包方式，企業仍須針對企業內之運作與專業物流公司之作業加以考量。

8.物流系統軟硬體設施之規劃 → 放棄
否
是

9.正式推動各項物流相關工作

例如：撰寫各項物流標準作業手冊、EDI軟硬體設置等。

從上述評估步驟大致可瞭解企業設立物流系統的評估工作相當複雜，這些內容僅供參考使用；尤其最後兩個步驟主要在延續評估工作的後續工作，它應在物流系統計畫加以說明。實際作業時，可能不必完全依據前後次序辦理，因為企業為了因應環境挑戰，可能在作業期間，同時進行不同的評估工作，因此真正操作時，仍可能會依評估小組的領導者而有所差異。

Unit **1-4**
設立物流系統應考量之因素

　　設立物流系統時應考量哪些因素，以避免因疏忽而造成錯誤的決策？本書建議從外部因素及內部因素加以注意。

一、外部因素

　　(一) 政治可行性：包括對政治安定程度與對外關係兩種政治因素的瞭解與掌握。

　　(二) 法律可行性：包含有土地取得的限制、經營項目之限制、土地分區使用之限制、設立物流中心或倉庫申請之限制、相關稅法之規定，以及安全法規與標準等六種因素。

　　(三) 經濟可行性：包括對經濟情勢、經濟及產業政策、產業競爭狀況等三大項因素加以分析。

　　1.在經濟情勢方面：主要針對國民所得、個人所得、經濟成長率、產業結構、就業結構、經濟預測，以及政府經濟發展計畫等七種經濟情勢予以瞭解及掌握。

　　2.在經濟及產業政策方面：主要針對地區發展政策、物流在產業發展中之角色，以及是否列入獎勵的範圍等三種經濟及產業政策予以瞭解及掌握。

　　3.產業競爭狀況。

　　(四) 社會及文化可行性：包括對消費習慣、文化環境，以及價值觀等三種因素予以考量分析其可行性。

　　(五) 市場可行性：包括對市場規模大小、市場成長性、產業特性、產業之物流系統，以及商場習慣等五種市場因素進行瞭解與分析。

　　(六) 技術可行性：包括對物流技術能力、資訊管理技術能力，以及通訊技術能力等三種技術因素進行瞭解與分析。

二、內部因素

　　(一) 管理可行性：包括對管理制度、管理組織架構等兩種管理因素的可行性之瞭解與掌握。

　　(二) 財務可行性：包括對資金大小、資金來源、資金籌集方式，以及資金調度方式等四種財務因素的可行性之瞭解與掌握。

　　(三) 人力資源可行性：包括對物流專業人才素質及備用難易性、物流中階管理人才素質及備用難易性，以及勞動管理等三大項因素加以分析。

　　1.在物流專業人才素質及備用難易性方面：主要針對倉儲管理人員、運輸管理人員、資訊管理人員，以及物流加工管理人員等四種物流人才之素質進行瞭解與評估。

　　2.對物流中階管理人才素質及備用難易性之判斷與評估。

　　3.在勞動管理方面：主要針對勞動立法的內容、工會運作狀況、勞動習慣、福利制度、衛生保健規定，以及教育訓練等六種勞動管理因素進行瞭解與評估。

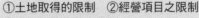

設立物流系統應考量的因素

外部因素

1.政治可行性
①政治安定程度
②對外關係

2.法律可行性
①土地取得的限制　②經營項目之限制
③土地分區使用之限制
④設立物流中心或倉庫申請之限制
⑤相關稅法之規定　⑥安全法規與標準

3.經濟可行性
①經濟情勢
→❶國民所得　❷個人所得　❸經濟成長率
　❹產業結構　❺就業結構　❻經濟預測
　❼政府經濟發展計畫
②經濟及產業政策
→❶地區發展政策　❷物流在產業發展中之角色
　❸是否列入獎勵的範圍
③產業競爭狀況

4.社會及文化可行性
①消費習慣　②文化環境　③價值觀

5.市場可行性
①市場規模大小　②市場成長性　③產業特性
④產業之物流系統　⑤商場習慣

6.技術可行性
①物流技術能力　②資訊管理技術能力
③通訊技術能力

內部因素

1.管理可行性
①管理制度
②管理組織架構

2.財務可行性
①資金大小　②資金來源
③資金籌集方式　④資金調度方式

3.人力資源可行性
①物流專業人才素質及備用難易性
→❶倉儲管理人員　❷運輸管理人員
　❸資訊管理人員　❹物流加工管理人員
②物流中階管理人才素質及備用難易性
③勞動管理
→❶勞動立法的內容　❷工會運作狀況
　❸勞動習慣　　　　❹福利制度
　❺衛生保健規定　　❻教育訓練

Unit 1-5
物流系統計畫之擬定步驟

圖解物流管理

在判定物流系統計畫之前,如能充分思考相關問題,則可避免不良計畫的產生。

一、確定企業之經營理念及經營基本方針

企業之經營理念與經營者的人生觀、創業動機、未來經營態度、經營文化有密切的關係。它通常是以一些簡明有力的文字,加以象徵性的表達。

二、分析外部環境

外部環境之分析應包括政治因素、法律因素、經濟因素、社會及文化因素、技術因素、人口因素等綜合觀察。

三、瞭解企業內部經營環境

企業內部經營環境存在哪些優點及缺點?經營能力如何?這些種種的相關項目均須深入分析。

四、進行SWOT分析

SWOT分析即是在企業面對外在環境之機會與威脅、內在環境之優點與缺點,加以深入分析,並透過SWOT矩陣分析法,將威脅及缺點儘量予以消除,而增強機會及優點。

五、確定企業中長期發展目標

由於企業在執行物流系統計畫時,一定會與中長期發展目標有所差距,因此有必要配合不同部門之各種中長期發展策略之執行,包括行銷策略、物流策略、人力資源策略、財務策略、資訊策略等。

六、確定自設物流系統之重點及方向

當企業確定中長期發展目標後,始得進行企業本身之物流系統計畫。也就是在有所遵循情形下,制定出物流系統之重點及方向,並進一步提出具體經營計畫。

七、物流系統計畫之訂定

由於開發物流系統計畫牽涉層面很廣,所以企業必須慎重加以考慮,例如:企業欲導入電子資料交換系統,則可能投入大量資金、人力及設備。所以若欲開發物流系統,企業應在事先考量物流系統計畫。

八、物流系統之選定　　　九、界定物流系統之執行方案

十、編製物流部門年度預算　十一、物流系統計畫之完成及發布

十二、物流系統計畫之實施　十三、物流系統計畫之評估

物流系統計畫擬定13步驟

1.確定企業之經營理念及經營基本方針

2.分析外部環境

3.瞭解企業內部經營環境

4.進行SWOT分析

5.確定企業中長期發展目標

6.確定自設物流系統之重點及方向

7.物流系統計畫之訂定

> 選擇最適合企業現狀需要及環境要求之物流系統。

8.物流系統之選定

> 在基本的物流系統確定後,應明確的訂定其執行方案,以使物流計畫能真正落實。

9.界定物流系統之執行基本方案

> 為開始推動執行方案,必須在物流部門編列預算,並且正式展開各項軟硬體工作的推動。即使物流系統工作的執行完全委外,仍須適度編列預算,作為委外經費。

10.編製物流部門年度預算

11.物流系統計畫之完成及發布

> 物流系統計畫經由部門計畫及預算的匯總及調整,將可正式完成一份物流系統計畫書。公司應明確的加以發布,使企業內部所有工作人員均能瞭解。

12.物流系統計畫之實施

13.物流系統計畫之評估

回饋

> 每一年度物流系統計畫執行完成後,應嚴格地加以評估其績效,明確的檢討各項不佳狀況,設法提出解決作法,並作為未來物流系統計畫擬定及執行修正之參考。

> 物流系統計畫的擬定並非作為參考,而是真正成為企業的物流活動的依據,所以不論哪一部門均應認真依物流系統計畫推動其業務,使公司經營目標得以達成。

Unit **1-6**
物流系統修正之考量

企業在遇到什麼樣的情形，必須考量修正其物流系統，才能提高營運績效？而修正物流系統之前，至少需要進行哪些基本工作，才能降低失敗的機率？以下說明之。

一、考量之理由

物流系統大致包括儲存、保管、揀貨、流通加工、包裝分類、運配、資訊系統等，通常在下列情形下，物流系統就可以考量是否修正，以提高其效率：

> 1.為提高整體顧客服務水準。
> 2.改變現有物流系統作法，如原為外包，擬收回自行辦理；相反情形，亦然。
> 3.自設物流中心。　　　　　　4.配合新通路系統的設立。
> 5.採用自動化的物流設備。　　6.推動EDI等資訊物流系統。
> 7.與同業或異業合作，建立共同配送系統。

二、修正時之基本工作

(一) 調整企業內部的組織架構：企業內部組織架構最小幅度的調整至少須達到物流部門，否則舊的物流部門如何因應新的物流系統。

(二) 軟硬體設施的調整：採用新物流系統時，作業流程將發生改變，也就是作業標準化應重新建立。另外，採用新的設備，人員在使用上的訓練、安排均可能產生許多變化。因此新系統物流之採用，絕非只是硬體設施的安排，人員的訓練及工作態度的調整均必須投入相當多的時間。基本上，在進行此項工作時，儘量從自動化、整合性、簡單化的角度著手，以提高轉換速度及人員適應性。由於作業流程改造是其中關鍵因素之一，因此在執行時，應注意下列作法：

1.必須與顧客、競爭者、供應商、通路業者建立事業網路關係，發展出一個多贏的既競爭、又合作的產業環境。

2.設法將各部門的作業流程加以整合，使之更為簡單、快速；也就是善加運用流程改造原則之刪除、合併、重組、簡化，將缺乏效率等相關作業流程、工作、資源加以改造。

3.應將平常使用的循序作業方式改為平行作業。很多作業流程在實務可以同時進行，如此將可大幅節省作業時間。

4.對作業流程應不斷的加以修正、改善。作業流程因環境變遷，有必要隨時加以改善，以符合實際需要，甚至引導環境趨勢。

5.善用資訊化技術。利用資訊化技術，以虛擬方式可協助作業流程改造的進行。

6.人員心態之調整。作業流程改造意謂著某些人的既有權力可能被剝奪，或者是同仁必須改變作業習慣等，這些均會出現反彈現象，如何事先溝通、協調，將是作業流程改造成功與否的最後決定性因素。

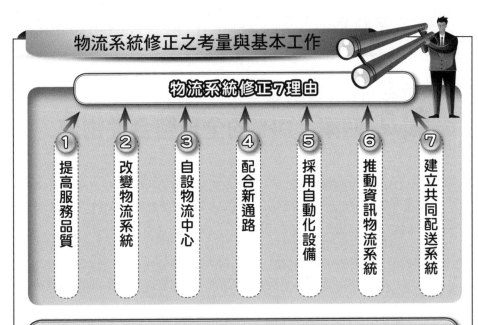

物流系統修正之考量與基本工作

物流系統修正7理由

1. 提高服務品質
2. 改變物流系統
3. 自設物流中心
4. 配合新通路
5. 採用自動化設備
6. 推動資訊物流系統
7. 建立共同配送系統

修正時2大基本工作

1.調整企業內部組織

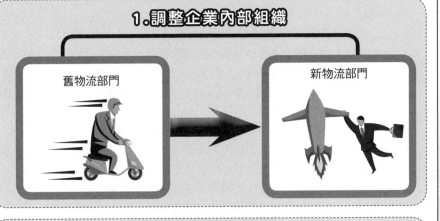

舊物流部門 → 新物流部門

2.調整軟硬體設施

1. 建立新事業網路
2. 作業流程整合
3. 循序作業 → 平行作業
4. 作業流程持續改善
5. 善用資訊化技術
6. 人員心態調整

Unit **1-7**
個案　DHL的全球整合性物流

　　DHL在1969年創立以來，首創全球國際快遞的服務，改變當時商業經營的模式，經由多年的改變與整合，DHL已成為全球最大的整合性物流國際快遞公司。

　　DHL最成功的典範即是所謂的「DHL96全球通」，它是從企業經營角度出發所設計的產品，該服務提供公司戶對戶的國際貨物運送，除具備迅速便利的特性外，更因採用「全球單一帳號」來管理，使得企業對於運送流程或運費之控制能充分掌握狀況。

　　所謂的戶對戶服務，係指一套完整的全程服務，從供應商的據點到最終目的地的運送過程中，「DHL96全球通」都為客戶處理一切業務，不必因中途轉手業務而造成不必要的手續及問題，同時它也能降低貨物流通之安全風險及中間轉手成本。

　　由於「DHL96全球通」利用「全球單一帳號」來管理貨物，因此無須再透過不同的代理商輾轉運送，只要一個帳號便能利用DHL涵蓋全球200多個國家的服務，處理所有國際貨運業務。此套系統使得企業能利用網際網路或客戶服務專線，24小時隨時查詢貨物的動向及狀況；甚至進出報關有疑問時，還有DHL專業人員提供相關諮詢服務。

　　「DHL96全球通」提供單一價格表，使業者能預知成本，除了便於預算規劃與擬定外，更因價格透明化，不再有一般國際貨運「隱藏性費用」的產生。又因所有的費用均以新臺幣計價（以臺灣地區客戶而言），可避免因匯率不同而造成計算成本的困擾，且可免去因匯率變動而產生無謂的匯兌損失。甚至它還提供最方便的「第三地付費」的辦法，即是企業主可以同一帳號將貨物從甲國取件送至乙國，並用新臺幣在臺灣付費。

　　由於該系統從頭到尾均由單一帳號管理，不必如其他貨運業者仍須開立各種發票，因此可減少發票開立的錯誤，且節省大量的人力（例如：核對帳務及會計作業等）。

　　「DHL96全球通」尚有一項特色，即是透過一般貨物承攬公司或國際快遞業者，企業必須與當地簽約，才能享有國際貨運的服務，而該系統卻能接受「非特定」的貨物交寄者，只要有「DHL96全球通」帳戶，便可透過當地的商業合作夥伴，利用DHL全球服務網絡，將貨物送至世界各地，這種彈性與即時的服務，對於進出口業者甚為有利。

資料來源

    DHL，選擇正確的貿易商業夥伴，讓企業事半功倍，《工商時報》，2003年3月3日。

個案情境說明

> ### DHL為全球最大的整合性物流國際快遞公司

最成功的典範是「DHL96全球通」。它從經營角度出發所設計的產品，提供公司戶對戶的國際貨物運送。

| 戶對戶係指從供應商的據點到最終點，都為客戶處理一切業務。 | 只要一個帳戶便可利用DHL涵蓋全球200多個國家的服務。 | 提供單一價格表，使業者預知成本，且便於規劃及擬定預算。 |

動動腦

◎DHL96全球通的特色為何？試論之。

◎若您是高價位的產品業者，是否會使用DHL96全球通？理由何在？試敘述之。

Unit 1-8
個案　SAP重構創捷供應鏈管理平臺，解決物流管理

創捷供應鏈有限公司於2007年建立，是一家以IT資訊化技術平臺為基礎，供應鏈管理為競爭手段，聚焦高級服務供應鏈模式的跨國製造商貿服務營運平臺，是應用網際網路技術提供高品質供應鏈服務的國家級高新技術企業。創捷建立了一整套完善的進出口採購、銷售、供應鏈配送體系，為客戶提供專業、完整的一體化供應鏈解決方案，特別是創捷供應鏈香港分公司，能夠為客戶提供境內外兩地服務、國內分銷、資金支持、供應鏈配送等系統化服務。

原本創捷供應鏈面臨六大挑戰：一、任務複雜，項目實施週期短；二、業務單據多，開發需求多；三、外圍系統多；四、計價方式多，費用類別多，計價方式不統一；五、業務週期短，操作時效要求高；六、業務靈活性、規範性不夠。

為解決上述問題，創捷供應鏈建立了一整套完善的供應鏈管理流程，並在業界首次提出並應用「模組式供應鏈」的新理論。此外，與國際知名的軟體供應商SAP（全球最大ERP業者）達成戰略聯盟，開發出SJET ERP供應鏈管理系統。創捷公司進出口關務、財務、電子商務、資金、供應鏈等營運平臺，形成了便捷高效的供應鏈、資金流、資訊流、商務流等整合型一體化運作平臺。同時承接企業非核心業務的外包，包括供應鏈外包、商務外包、結算外包、資訊系統及數據處理外包，將企業若干供應鏈管理服務環節從原來由多個外包公司完成，轉為由創捷供應鏈統一承接完成。

創捷供應鏈為IT及周邊產品等行業的客戶提供採購、生產、分銷、結算等專業化服務。透過對內部、外部的資源整合，使用資訊化平臺集成管理，實現資源共享，幫助企業提高供應鏈管理效率，解決客戶的零庫存需求，進而提升企業整體核心競爭力。

為轉型升級成為更具有市場競爭力的現代供應鏈管理企業，創捷供應鏈決定引進先進的管理思想和資訊系統，充分利用現代資訊技術，配合創捷供應鏈的體制、機制、流程管理和技術的持續創新，建立以財務、貿易業務和代理業務管理為核心的一體化管控平臺。

在實施SAP產品之前，創捷供應鏈資訊平臺主要用來支撐供應鏈管理、運營管理和財務管理三個方面，沒有把財務和營運管理整合，導致系統數量繁多、維護費用高、收益低，並且資訊無法共享，造成公司資訊未整合和潛在風險的存在。

為求更快、更好地完成創捷供應鏈新資訊平臺的建置，最後選擇SAP主要有兩大原因：其一，SAP是一家國際軟體供應商，系統更穩定成熟，管理思想更加

完善。其二、當時的決策團隊還邀請了一些外圍專家來對SAP的產品作比較及認可，尤其產品的透明度比較強。最重要的是，SAP能夠提供業界領先的產品技術和優質的服務。

　　從系統應用角度來看，創捷供應鏈系統基於SAP全球貿易解決方案實現五大功能應用。第一，建構統一的資訊化基礎平臺。創捷供應鏈系統以SAP ERP為核心，與關務系統、金融財稅系統、供應商協同等連結。第二，建立統一的數據管理，保證數據的準確性。第三，通過SAP系統統一和優化流程。第四，實現業務與財務的一體化。第五，全面監控企業的營運狀況，讓管理決策更加透明化。

資料來源

　　李代麗，SAP重構創捷供應鏈管理平臺，清除物流管理黑洞，暢享網，2013年10月11日。

個案情境說明

> **創捷公司是一家以資訊化技術平臺為基礎的供應鏈管理公司，聚焦高級服務供應鏈的跨國製造商貿服務營運平臺。**

017

| 面臨任務複雜，項目實施週期短的六大挑戰。 | 與國際最大ERP業者SAP公司策略聯盟，開發「SJET ERP供應鏈管理系統」。整合進出口關務、財務、電子商務、資金、供應鏈等營運平臺。 | 選擇SAP合作的原因是SAP具領先的產品技術和優質服務等。 |

動動腦

◎創捷供應鏈公司面臨哪些問題？該公司解決的作法為何？

◎創捷公司透過內外部資源整合，協助企業提高供應鏈管理效率。請問該公司為何選擇SAP作為其電子化的原因？

第②章
物流之營運管理

●●●●●●●●●●●●●●●●●●●●●●●●●●● 章節體系架構

Unit 2-1　個案　麥當勞和夏暉的合作──獨特外包模式

Unit 2-2　物流作業系統──進貨與盤點 Part I

Unit 2-3　物流作業系統──進貨與盤點 Part II

Unit 2-4　物流作業系統──進貨與盤點 Part III

Unit 2-5　物流作業系統──補貨、出貨與退貨

Unit 2-6　物流成本管理──制度面

Unit 2-7　物流成本管理──作業基礎成本制度之實務

Unit 2-8　物流組織

Unit 2-9　訂單處理──作業程序

Unit 2-10　訂單處理──狀況管理與資料分析

Unit 2-11　存貨管理──分類與管理決策

Unit 2-12　存貨管理──控制系統

Unit 2-13　採購管理──供應商選擇

Unit 2-14　採購管理──採購實務

Unit 2-15　顧客服務

Unit 2-16　物流管理評估──評估指標之選擇

Unit 2-17　物流管理評估──評估指標之應用 Part I

Unit 2-18　物流管理評估──評估指標之應用 Part II

Unit 2-19　個案　家樂福庫存控制策略

Unit 2-20　個案　富士康出現嚴重採購弊端

Unit 2-21　個案　新加坡普洛斯創新物流地產經營模式

Unit **2-1**
個案　麥當勞和夏暉的合作——獨特外包模式

麥當勞的冷鏈物流與夏暉公司有密切關係，這家是麥當勞第三方物流公司（夏暉公司客戶還有必勝客、星巴克等）。

麥當勞從未將物流業務分包給不同的供應商，夏暉也一直對麥當勞提供物流服務。雙方不僅建立在忠誠的基礎上，同時夏暉也能提供優質的服務，這是一種獨特的合作關係。

隨著商品流通市場買方地位的日益增強，消費者的選擇愈來愈多，流通鏈也愈來愈長。麥當勞要求夏暉提供一種網路化的支持，這種網路能夠覆蓋整個國家或者整個地區，不同環節之間需要高效能的無縫對接。與麥當勞合作整整30年的夏暉，在流通網路的整合能力有很大的進步，這是其他公司所不能相比的經驗。即使有上述條件，對於夏暉來說，在中國完成這項工作也並不容易。

麥當勞對物流服務的要求是相對嚴格的。在食品供應中，除基本食品運輸之外，麥當勞更要求物流服務商提供其他服務，比如資訊處理、存貨控制、貼標籤、生產和品質控制等方面，這些額外的服務雖然提高經營成本，但它卻使麥當勞在競爭中獲得更大優勢。麥當勞的想法是，如果提供的物流服務僅僅是運輸，運價是1噸4角，麥當勞寧可提供的價格是1噸5角，但這中間的物流服務卻需包括訊息處理、貼標籤等工作。

麥當勞要求夏暉提供一條龍式物流服務，包括生產和品質控制在內。而夏暉設在臺灣的麵包廠中，就全部採用統一的自動化生產線，製造區與熟食區加以區隔，廠區裝設空調與天花板，以隔離落塵，易於清潔，應用嚴格的食品與作業安全標準。所有設備由美國SASIB專業設計，生產能力為每小時24,000個麵包。在專門設立的加工中心，物流服務商為麥當勞提供所需的切絲、切片生菜及混合蔬菜，擁有生產區域全程溫度自動控制、連續式殺菌及水溫自動控制功能的生產線，生產能力為每小時1500公斤。夏暉還負責為麥當勞上游的蔬果供應商提供諮詢服務。

資料來源

MBA智庫（https://wiki.mbalib.com）。

個案情境說明

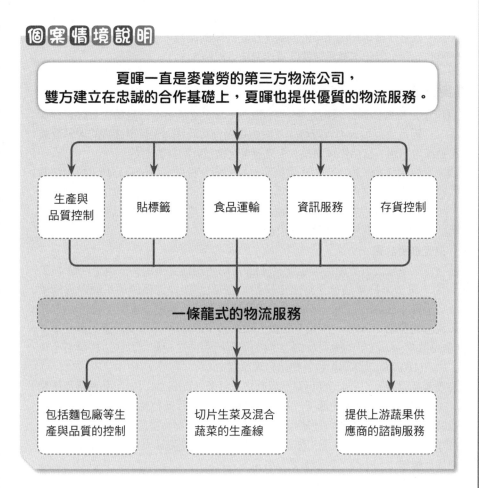

夏暉一直是麥當勞的第三方物流公司，
雙方建立在忠誠的合作基礎上，夏暉也提供優質的物流服務。

生產與品質控制

貼標籤

食品運輸

資訊服務

存貨控制

一條龍式的物流服務

包括麵包廠等生產與品質的控制

切片生菜及混合蔬菜的生產線

提供上游蔬果供應商的諮詢服務

動動腦

◎請問您對麥當勞和夏暉的合作方式有何看法？是否有改善空間？試論之。

Unit **2-2**
物流作業系統──進貨與盤點 Part I

　　一般來說，物流作業系統大致包括訂單作業、進貨作業、搬運作業、儲存作業、盤點作業、揀貨作業、補貨作業、出貨作業、輸配送作業、成本管理及計價作業等工作項目。其中進貨作業是物流作業的開端，也是問題的開端，處理的好與壞直接影響到後續作業的品質，因此本單元先就進貨作業加以說明。

一、進貨作業

　　進貨作業是根據採購計畫擬定進貨計畫，一般大致包括下列幾點：1.針對到貨日、貨品、貨量及貨車形式進行瞭解；2.預估貨物到達時間；3.貨車卸貨的地點及進出之交通動線等問題（包括停車問題），以及4.貨物預計的存放地點。

　　當貨車實際到達後，接下來的作業依序包括卸貨、拆裝、標示及分類；核對相關單據（如收據、傳票等文件）；在進貨單上加以記錄貨品數量、金額等項目；進行貨品驗收，並檢查是否有短少、超額、損壞等情形；將上述各種情形加以記錄，作為進貨全部活動的記載，以供未來進行採購之參考。

(一) 擬定進貨計畫

　　1.進貨作業系統之設計原則：包含有(1)設法將各種活動集中在一指定地點；(2)在尖峰時間，設法維持貨品以正常速率移動；(3)設法使停泊碼頭的車輛停靠能平衡，不要造成集中在同一時間；(4)碼頭月臺至貨物儲放區的動線應採直線式；(5)考慮採用可流通的容器；(6)多利用貨車司機協助卸貨；(7)為小量進貨計畫另備小車；(8)進貨應儘量減少不必要的搬運及儲存；(9)進貨所引伸之相關活動應以距離最小化為原則，以及(10)應加以詳細記載各種訊息等原則。

　　2.進貨考慮因素：主要針對(1)供應商數量及性質（一日）；(2)商品種類及數量（一日）；(3)進貨的車種與數量（一日）；(4)商品的形狀及特性：包裝方式、散裝或每一包裝單元之尺寸及重量、危險程度、棧板使用的狀況、搬運工具、商品保存期限；(5)進貨所需之人力資源狀況；(6)每類型車輛之卸貨速度（一天），以及(7)每一段期間進貨車輛數（一小時）等因素予以考量。

(二) 卸貨作業：
主要的工作在於貨品如何從車輛上移至停泊碼頭，其中最主要的考量因素為車輛與月臺間的間隙。

　　最常見之卸貨安全作業設施，係採可移動式楔塊、升降平臺、車尾附升降臺，以及吊勾等四種。

(三) 貨品編號標示：
採用貨品編號有許多好處，一般作業上均會採取幾項原則，包括簡單性、完整性、充足性、單一性、一貫性、擴充彈性、組織性、容易記憶、可與電腦配合等。

　　貨品編號的方法大致包括流水號編號法、數字分段法、分組編號法、實際意義編號法、後數位編號法，以及暗示編號法等六種。

進貨作業的擬定與流程

進貨作業根據	採購計畫	擬定進貨計畫

採購計畫

① 針對到貨日、貨品、貨量及貨車形式進行瞭解。

② 預估貨物到達時間。

③ 貨車卸貨的地點及進出之交通動線等問題（包括停車問題）。

④ 貨物預計的存放地點。

進貨作業7大流程

進貨作業7大流程

- 1.擬定進貨計畫
  - ①進貨作業系統之設計原則
  - ②進貨考慮因素

- 2.卸貨作業
  - ①可移動式楔塊
  - ②升降平臺
  - ③車尾附升降臺
  - ④吊勾

- 3.貨品編號的方法
  - ①流水號編號法
  - ②數字分段法
  - ③分組編號法
  - ④實際意義編號法
  - ⑤後數位編號法
  - ⑥暗示編號法

- 4.貨品分類

- 5.貨品驗收檢查

- 6.進貨記錄

- 7.廠區、裝卸貨空間設計

Unit **2-3**
物流作業系統──進貨與盤點 Part II

進貨作業系統計有七個流程，前文介紹進貨作業一開始是根據採購作業擬定進貨計畫，再來是如何卸貨與貨品如何編號標示等三個流程內容，至於其他四個流程，本單元將繼續說明之。

一、進貨作業（續）

(四) 貨品分類：一般貨品分類大致依據下列六種方式：1.依據貨品特性分類；2.依貨品狀態分類（如內容、大小、尺寸、顏色等）；3.依交易行業別分類；4.依貨品使用目的、方法及程序分類；5.依會計科目分類，以及6.依資訊方式分類（如目的地、顧客別等）。貨品分類方式基本上依公司的需求、性質等因素決定之，沒有絕對性作法。

(五) 貨品驗收檢查：貨品驗收的作法，一種是先行點收數量，另一種是先由檢驗部門檢驗品質。茲說明如下：

1.貨品驗收的方法：包含(1)數量的點收：除數量外，亦須檢查貨品號碼、採購合約規定之各項條件（如長短、大小、輕重），以及(2)品質檢驗：化學分析、物理試驗、外形檢查。

2.貨品驗收查核表：包含有貨品數量是否正確、品質檢驗是否合格、是否可以維修、供應商是否願意支付維修費、是否須退回此批貨品，以及是否尋求新供應商等內容的查核與確認。

(六) 進貨記錄：一般必須列入進貨記錄者，大約包括下列數項，即：1.貨品、包裝、容器之數量；2.貨品之特徵；3.每一段時間之進貨批次分布狀況；4.每一批進貨單品量之分布情形；5.卸貨方式及耗用時間；6.進貨之地點，以及7.每一載貨者之單據或傳票的號碼等。

(七) 廠區、裝卸貨空間及停車臺設計

1.廠區設計：廠區設計包括整個倉庫建物及停車場，其設計考量的重點在於空間效益的發揮及車輛進出安全。一般包括廠區空間、廠房相對廠區位置，以及廠區出入口安全等三項。

2.裝卸空間之設計：貨品裝卸時，應在進出貨平臺上保留緩衝區，另外包括平臺與車臺的高度應設法一致（可能須配合銜接設備）；搬運車輛、人員在暫存區與銜接設備之間，亦須規劃出入通道。

3.碼頭設計：碼頭設計應依公司的作業性質及廠房形式加以考量，包含(1)以倉庫內物流情形決定進出貨碼頭之安排方式：進貨及出貨共同碼頭、分別使用碼頭，惟兩者相鄰、各別使用碼頭，惟兩者不相鄰、數個進貨與出貨碼頭；(2)以月臺需求量估算碼頭空間需求量及碼頭位置；(3)廠房擴充的可能性；(4)選擇最適用的碼頭設計形式；(5)每一停車臺門面的尺寸大小（未來以9呎寬為主流），以及(6)停車臺之高度等。

進貨作業7大流程

- 1. 擬定進貨計畫
- 2. 卸貨作業
- 3. 貨品編號的方法
- 4. 貨品分類
  - ① 貨品特性
  - ② 貨品狀態
  - ③ 交易行業別
  - ④ 貨品使用目的、方法及程序分類
  - ⑤ 會計科目
  - ⑥ 資訊方式
- 5. 貨品驗收檢查 → 驗收的方法
  - ① 數量的點收
  - ② 品質檢驗

進貨作業7大流程

驗收查核表

項次	品名	規格	查驗結果	查驗依據、說明
壹				
貳				
參				
檢查日期：○○○年○○月○○日 至 ○○日			檢查者：○○○	
複核者：				

- 6. 進貨記錄：必須列入進貨記錄的項目
- 7. 廠區、裝卸貨空間設計

  - ① 廠區設計
    → ❶ 廠區空間
    　 ❷ 廠房相對廠區位置
    　 ❸ 廠區出入口安全
  - ② 裝卸空間之設計
  - ③ 碼頭設計

Unit **2-4**
物流作業系統——進貨與盤點 Part III

　　本書之所以會將物流作業系統中的進貨與盤點兩項作業一起說明，除了好的進貨作業是好的開始之外，在進出貨之間如能掌握倉庫中的貨品數量，更能提高效率。

二、盤點作業

　　(一) 盤點作業之目的：包含1.為計算企業每一段期間之經營現況；2.確認目前企業內部之存貨，以及3.為了提高對貨品管理的稽核效果等三種目的。

　　(二) 盤點之種類：包括現貨盤點與帳面盤點兩種。現貨盤點又稱為實地盤點，即實際上至倉庫清查庫存量，再依貨品單價推估實際之庫存金額。帳面盤點又稱為永續盤點，即是將每日進出倉庫之貨品數量及單價加以記錄，在累積至一期間後計算帳面上之庫存量及庫存金額。

　　(三) 盤點方法：包括現貨盤點法與帳面盤點法兩種。現貨盤點法依盤點時間、頻率的不同，又分為期末盤點及循環盤點。帳面盤點法是將每一種貨品進出倉庫的所有資訊加以詳細記錄；即使不必實地盤點，仍能隨時從電腦或帳冊上查核詳細之存貨數量。

　　(四) 盤點作業應有之步驟

　　1.前置作業：為了使盤點作業更為順利，最好能在事前有更多的準備，也就是前置作業愈周密，則盤點過程將可減少不必要之困擾產生。

　　2.盤點方法之決定：盤點方法之採用決定於盤點的實際目的、需求，不同的需求及狀況，應使用不同的方法，以提高盤點之效率。

　　3.盤點時間的確認：表面上盤點次數愈多愈好，但實際基於人力、物力之考量，並不容易做到。不過一般而言，製造工廠大約半年或一年實施一次，但是物流中心或大型零售業者可能更為頻繁。

　　4.盤點人員的訓練：盤點人員除由交辦單位參與外，其他單位仍應支援人員，並加以組織且施以適當之訓練。訓練部分包括全部人員的盤點方法訓練及複盤、監盤人員認識貨品之訓練。

　　5.儲存場所之清理：包含(1)在盤點前，暫存場所之物料應予全部、詳實清點；(2)儲存場所在關閉前應通知各需求單位先行領料；(3)儲存場所應加以整理、整頓清楚；(4)預先對呆料、廢品、不良品加以鑑定；(5)儲存場所的管理人員應在盤點前自行預行盤點，以及(6)帳卡、單據、資料均須在整理後詳加清查。

　　6.盤點工作：盤點時同仁應細心，以確保其正確性，同時有專人加強監督。

　　7.清查數據與帳冊資料差異時之追查。

　　8.盤點差異後之處理方式：當發生盤點與帳面資料不符時，應針對其差異點加以詳細追查，並加以適當的處理與調整，同時對不良品、呆料、廢品應加以處理。

　　(五) 盤點後之評估：運用下列六種指標，即盤點數量誤差、盤點數量誤差率、盤點品項誤差率、盤差次數比率、平均每品項盤差次數率、平均每件盤差品金額，以協助找到問題所在。

盤點作業的擬定與流程

盤點作業是什麼？

盤點作業是指企業為不斷有效掌握倉庫中貨品數量，而對公司內部各個儲存地點進行數量的清查作業。

盤點2大種類

| 1.現貨盤點 ←→ 實地盤點 | 2.帳面盤點 ←→ 永續盤點 |

盤點2大方法

1.現貨盤點法

①循環盤點法：循環盤點法是每日、每星期即進行少量的盤點，至月末或期末則每項貨品至少完成一次盤點。這種作法的目的除可減少過多的損失外，另外一個目的則是對於不同貨品採用不同的管理方式。

②期末盤點法：期末盤點法依其盤點時間是集中在期末一次辦理。因為期末盤點法是全面集中在期末盤點所有貨品，因此可能必須全體員工一起出動。

2.帳面盤點法

盤點作業應有8步驟

1.前置作業	①建立明確、合理之盤點作業程序。 ②應考量配合會計決算辦理。 ③參與人員（包括盤點、複盤、監盤人員）應須事先經過適度的訓練。 ④參加盤點的人員均應熟悉盤點之各項表單。 ⑤庫存資料應加以詳實查核。 ⑥盤點使用之各項表單及文具（或工具）均應事先備妥。
2.盤點方法之決定	
3.盤點時間的確認	
4.盤點人員的訓練	
5.儲存場所之清理	①盤點人員是否認真、確實地執行？ ②盤點的誤差是否可事前預防？ ③記帳員之素質是否不足？ ④記帳處理制度是否存在不利之缺點？ ⑤兩者差異的程度是否在容許範圍？ ⑥是否存在錯盤、重盤、漏盤等情形？ ⑦盤點制度是否存在許多缺點？
6.盤點工作	
7.清查數據與帳冊資料差異時之追查	

8.盤點差異後之處理方式	盤點後6大評估指標 ①盤點數量誤差＝實際庫存數－帳面庫存數 ②盤點數量誤差率＝盤點數量誤差／實際庫存數 ③盤點品項誤差率＝盤點誤差品項數／盤點實施品項數 ④盤差次數比率＝盤點誤差次數／盤點執行次數 ⑤平均每品項盤差次數率＝盤差次數／盤點品項數 ⑥平均每件盤差金額＝盤差誤差金額／盤點誤差量

Unit 2-5
物流作業系統——補貨、出貨與退貨

　　企業為了讓營運順暢，提升績效，除了因應市場需求進貨外，接著是一連串的品質管控作業，也就是當盤點發現庫存商品不足時，即要進行補貨，然後出貨，以及萬一退貨時，要如何因應及處理。

一、補貨作業

　　補貨作業係指貨品從保管區域移至動管揀貨區域及其相關文件之處理。關於補貨方式及其應用與時機，茲說明如下：

　　(一) 補貨方式：一般分為整箱補貨與整棧補貨兩種。整箱補貨係由料架保管區補貨至流動棚架之動管區。整棧補貨則包括由地板堆疊保管區補貨至地板堆疊動管區、由地板堆疊保管區補貨至棧板料架動管區、料架上層至料架下層之補貨。

　　(二) 補貨方式之應用：包括由入庫至動管揀貨區方式、由自動倉庫將貨品送至旋轉料架的補充及入庫方式、揀取區採取複倉制之補貨方式。

　　(三) 補貨時機：一般有批次補貨、隨機補貨、定時補貨三種。批次補貨是在每天或每批次揀取前，先由電腦（或單據資料）計算貨品總揀取量，再查對動管揀貨區之貨品量，且於揀取前一特定時點補足貨品。隨機補貨係指定專門補貨人員，隨時巡視動管揀貨區之貨品存量，不足時隨時補貨。定時補貨則是將每天劃分為數個時點，補貨人員於規定時間內檢視動管揀貨區貨架上貨品存量，不足時則立即補足。

二、出貨作業

　　出貨作業是指倉庫揀貨人員貼上標籤及將貨品分類完成後，即進行出貨檢查、包裝及出貨狀況調查等一連串的過程。茲說明如下：

　　(一) 分貨：分貨乃將貨品揀取完成後，依客戶別或配送路線別進行分類工作，其一般運作方式有人工目視處理、旋轉架分類、自動分類機三種。

　　(二) 出貨檢查：出貨檢查係針對揀取物品，再依客戶別或車次別分裝後之商品號碼及數量進行核對，並實施商品狀態品質之檢驗。

　　(三) 包裝：可區分為個別包裝（即商業包裝）、內裝（包裝內層，即考慮各項外在因素對商品之影響的包裝）、外裝（包裝外層，包括袋、箱、木桶、罐或捆綁等）。內裝及外裝又稱為工業（或運輸）包裝，尤其外裝對物流效率有很大的影響。

　　(四) 出貨狀況調查：一般至少須蒐集之資料包括日期、出貨發票單據號碼、到車時間、車行車號、裝貨設備、裝貨之材積數及箱數、負責核對人員姓名、出庫時間、交貨時間、卸貨時間、返回時間等項目。

三、退貨作業

　　退貨作業常被企業所疏忽，它不但隱藏著企業內部作業的問題，更可協助企業找到營運上的缺失。國內企業常因太多退貨且不知如何處理的情況下，造成企業危機。

補貨／出貨／退貨作業

1. 為客戶訂貨 → 2. 檢查揀取區存貨
4. 找出空棧板 ← 3. 開始補貨
5. 將空棧板移走
6. 由保留區移棧板至揀貨區補貨
7. 重新建立存貨檔 → 8. 將新棧板歸位

① 補貨方式
→ ❶ 整箱補貨　❷ 整棧補貨
② 補貨方式之應用
→ ❶ 由入庫至動管揀貨區方式
　❷ 由自動倉庫將貨品送至旋轉料架的補充及入庫方式
　❸ 揀取區採取複倉制之補貨方式
③ 補貨時機
→ ❶ 批次補貨　❷ 隨機補貨
　❸ 定時補貨

出貨作業4流程

倉庫揀貨人員貼上標籤及將貨品分類完成後，即進行出貨檢查，裝入適當容器或採用適合之包裝，並根據車輛趟次別或廠商別，將貨品送至出貨準備區；最後依出貨排程，裝車配送，這一連串的過程即為出貨作業。

1. 分貨 → 2. 檢查 → 3. 包裝 → 4. 調查

包裝的功用
① 保護貨品　② 易於辨識
③ 方便搬運、儲存及使用
④ 有利於自助式採購的銷售行為
⑤ 提高消費者的購買欲望

出貨檢查方法

① 商品條碼檢查法	② 重量計算檢查法	③ 聲音輸入檢查法
此檢查法最根本的原則是必須導入條碼系統，利用條碼來確認貨品。	此檢查法是先利用自動加總出貨單上的貨品重量，而後將揀出的貨品以計重器秤出之總量，加以互相比對。	此檢查法是利用作業員讀出貨品名稱（或代碼）及數量，利用電腦接收作業員聲音進行自動辨識，如此即可轉成資料與出貨單相比對。

退貨的原因及處理方式

為什麼要退貨？
1. 商品過期
2. 商品送錯
3. 瑕疵品或不良

構成退貨原因

退貨處理方式
1. 立即補貨，並向客戶道歉。
2. 會計作業應立即採取修正，以免造成收付款的錯誤。
3. 分析退貨原因，作為改善參考。
4. 若有保險的理賠問題，必須依理賠程序立即處理。

Unit **2-6**
物流成本管理──制度面

雖然許多企業具有物流部門執行其物流工作，但是其物流成本之計算及分析係根據傳統會計制度，因此不易採用較具合理性、科學性的作業基礎成本制度。因此在進行採用物流作業基礎成本制度之前，仍須在傳統會計制度下運作。

一、傳統會計制度下之物流成本

傳統會計制度之物流成本，可供未實施物流作業基礎成本之中小企業參考如下：

(一) 物流成本項目：一般企業物流成本相關項目並未從貨品成本中分離，因此未能真正顯示其真實狀況，若分離之，大致可包括各項因執行物流功能所產生的成本。

(二) 物流成本推估：主要針對人事成本、倉儲廠房費用與裝卸費用、運輸工具相關成本、材料費四種物流成本加以推估。

(三) 物流成本分析：許多企業之成本無法降低，可能是存在於物流成本之內，有必要透過物流成本之分析來作為物流成本管理之依據，且可觀察其變化。一般針對總物流成本／總營業收入、個別物流成本／總營業收入這兩種比例來作為改善的參考。

(四) 物流成本管理：降低物流成本的方式包含產品特性、顧客的特殊要求（含訂單內容複雜性高低、運配地點的特殊要求），以及訂單之特性（含產品運配屬性、每一訂單所要求之反應時間、到達頻率及訂購數量）。

(五) 加工及處理要求：產品加工是否需要開箱再重整？乾貨及冷凍貨在物流處理上的差異性，對物流成本亦會有影響。

二、作業基礎成本制度

作業基礎成本制度之所以受到重視，主要是因為瞭解產品成本。該制度係以作業活動為基礎，即成本的歸屬或累積能以作業活動為中心，並將其活動成本分攤至成本標的。這種作法稱為二階段分攤，即是第一階段為資源動因（即間接資源之作業過程）；第二階段為成本動因（即作業至成本標的之過程）。其主要目的係想正確計算出產品成本，進而協助管理者瞭解產品成本真正發生的原因、無法產生價值的作業項目、能產生附加價值之各項作業，以利於定價決策之制定及成本控制的目的。

(一) 作業項目區別及選擇：各項作業之選擇，基本上應按作業流程來決定，但是若過於細分，反而徒增作業之困擾，進而增加資訊處理成本。企業為簡化作業項目的數量，將相關作業予以合併應是合理的作業。

(二) 間接成本之歸屬：目前有直接歸入、估計、主觀強制分攤等三種方式。實務上，企業大多採用估計方式，例如：問卷或訪談。

(三) 成本標的之選擇：實務上，成本標的為顧客，則進行顧客的成本分析；若成本標的為產品，則進行產品之成本分析。另使用共同作業之產品應予合併。

(四) 成本標的之歸屬：作業成本如何歸屬至相關之成本標的，實務作法包括迴歸分析、時間動作研究、實地訪談三項，其中實地訪談最常被使用。

物流成本管理2大制度面

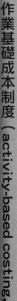

物流成本

1. 傳統會計制度

①成本項目
- ❶人事成本　❷實體配送人事費用
- ❸倉儲費用　❹運輸工具費用
- ❺其他材料費（如包裝材料、標籤等）

②成本4推估

❶人事成本：為物流成本的一大要素，首先應確認執行物流的功能（如倉庫管理、運配）等相關人員，並依其實際執行物流功能的時間，作為計算物流成本之百分比。

❷倉儲廠房費用、裝卸費用：倉庫若採租用，則以租金計算；若為自建，則以機會成本推估可能之租金收益，並將之視為約當費用。貨架、裝卸設備則以其耐用年限攤提折舊。

❸運輸工具相關成本：外僱車則以租金計算，自用車以耐用年限計算每年折舊費用；過橋費、燃料費、牌照費、過路費，均以實際成本計算。

❹材料費：以包裝材料、膠帶、標籤等實際成本計算。

③成本分析2指標

❶ $\dfrac{總物流成本}{總營業收入}$

可瞭解物流成本是否調高或適當，亦可觀察其占總營業收入的比例，作為是否改善的參考。

④成本管理
- ❶產品特性
- ❷顧客的特殊要求
- ❸訂單之特性

❷ $\dfrac{個別物流成本}{總營業收入}$

將個別物流成本與總營業收入比較，以瞭解各項物流成本變化，或可能改善空間。

⑤加工及處理要求

2. 作業基礎成本制度（activity-based costing, ABC）

①作業項目4層級　由Cooper及Kaplan教授在1991年提出

❶單位別作業：係指每一單位產出所需執行之作業活動，其相關費用為共用材料費用及能源費用。

❷批次別作業：係指每一批產品生產時，所需執行之作業活動，其相關費用包括準備成本、採購成本、檢查成本、材料移動成本。

❸支援產品之作業：係指每一種產品生產時，均需支援其生產的作業，其相關費用包括製程成本、工程改變成本、產品改進成本、產品規格說明成本。

❹支援廠務作業：係指支援廠務一般性製造過程的作業，其相關費用包括廠房管理成本、電力成本、照明成本、建築物及土地成本。

②間接成本歸屬

其使用方式是依順序解決：
Step 1 直接歸入。
Step 2 無法將資源成本直接歸屬相關作業時，先採用估計。
Step 3 最沒有辦法時，才使用主觀強制分攤方式。

③成本標的選擇
- ❶顧客→進行顧客的成本分析
- ❷產品→進行產品的成本分析
- ❸使用共同作業之產品應予合併分析

④成本標的歸屬
- ❶迴歸分析　❷時間動作研究
- ❸實地訪談→由訪談資料綜合研判分析具有代表性之成本動因。

Unit 2-7
物流成本管理——作業基礎成本制度之實務

前文介紹作業基礎成本制度的基本概念與內容，本文則進入該制度的實務說明。

圖解物流管理

一、物流作業及其成本分析

(一) 物流作業項目：包括採購作業（供應商管理、向供應商訂貨）、驗收作業、入庫作業、訂單處理、揀貨作業（揀貨準備作業、揀貨作業、工作人員安排）、補貨作業、輸配作業、退貨作業等八個項目。

(二) 物流作業資源項目：包括採購作業資源、驗收作業資源、訂單處理資源、揀貨耗用資源、補貨耗用資源、輸配作業耗用資源、倉儲作業耗用資源等七個項目。

(三) 物流作業成本動因：為了客觀將作業成本分攤至各成本標的，藉以找到各項作業之成本動因。企業為便於資料蒐集，應針對其各相關作業列表統計，也就是針對其作業成本與成本動因物理量進行分析，如此才能取得較合適之參考資訊。

二、作業基礎成本制度之實務作法

導入作業基礎成本制度的實務作法，大致可依下列步驟推動之：

(一) 確認作業基礎成本制度的導入目的：由於導入作業基礎成本制度的目的有許多，若導入目的在於制定行銷策略，則有關產品及顧客方面的資訊蒐集變得比較重要；但若在於設法降低成本，則須蒐集更多的成本資訊。

(二) 確定作業基礎成本制度的實施範圍：實施範圍選擇依據下列因素進行考慮，即作業項目、成本標的、會計期間、實施地點的多寡、單一期間或產品生命週期、歷史或預算之成本數字等。

(三) 確定資料的項目及來源：資料項目一般包括企業組織架構圖、廠房配置圖、標準作業流程、工作說明書、會計科目、成本會計制度及相關記錄報表等數項目。

(四) 作業與成本動因之分析：分析方式大致包括專家觀察、員工記錄、利用問卷、訪談方式（實務上最主要且最普遍的作業及動因成本分析方式）、工作抽查。

(五) 建立作業基礎成本制度與會計制度：運用作業基礎成本的作法，建立企業內部之作業成本制度與會計制度。

(六) 建立作業基礎成本制度下之電腦化：包括電腦化之規劃、作業基礎成本制度與現行制度之整合。

(七) 作業基礎成本及管理套裝軟體之評估：包括確定評估原則及項目、分析軟體之功能。

(八) 選購作業基礎成本及管理之軟體系統：企業要以本身實質上的需求、資金多寡等條件，選擇合適的軟體系統。

(九) 測試及正式實施作業基礎成本及管理系統：軟體系統正式上線前，要進行各項測試工作，而正式上線後也要依照實際狀況適時適度修正。

物流成本分析及實務作法

物流作業及其成本分析

1.物流作業項目

①採購作業 ②驗收作業 ③入庫作業 ④訂單處理
⑤揀貨作業 ⑥補貨作業 ⑦輸配作業 ⑧退貨作業

2.物流作業資源項目

①採購作業資源→包括採購人員成本、採購處理成本等。
②驗收作業資源→包括工具折舊、貨架、廠房租金、設備折舊等。
③訂單處理資源→包括電信費用、處理人力成本等。
④揀貨耗用資源→包括揀貨人員成本、揀貨設備折舊及維修成本等。
⑤補貨耗用資源→包括補貨人員成本、各項相關設備折舊、各項棧板等。
⑥輸配作業耗用資源→包括油料、過路費、維修費、車輛折舊費等。
⑦倉儲作業耗用資源→包括工具折舊、廠房租金、設備折舊等。

3.物流作業成本動因

①採購處理之成本動因可能是採購次數或筆數。
②進貨驗收之成本動因可能是棧板數。
③進貨入庫作業之成本動因可能是棧板數。
④倉儲作業之成本動因可能是體積所占空間。
⑤存貨盤點之成本動因可能是盤點耗用之時間。
⑥訂單處理之成本動因可能是訂單數。
⑦揀貨準備之成本動因可能是訂單數。
⑧揀貨作業之成本動因可能是揀貨次數。
⑨運配作業之成本動因可能是出貨棧板數。
⑩裝貨作業之成本動因可能是訂單量（訂貨標準箱）。
⑪卸貨作業之成本動因可能是訂貨標準箱。
⑫銷管作業之成本動因可能是營業金額。

導入作業基礎成本制度9步驟

1.確認導入目的 → 2.確定實施範圍 → 3.確定資料的項目及來源

6.建立電腦化 ← 5.建立會計制度 ← 4.作業與成本動因分析

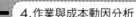

7.套裝軟體評估 → 8.選購軟體系統 → 9.正式實施

Unit **2-8** 物流組織

物流組織之型態,基本上與一般組織大同小異,只是企業規劃時有其應考量之處。

一、物流組織規劃之考量因素

(一) 內在條件

1.企業組織特性:企業組織營運與物流相關性愈小,其物流組織愈小,甚至是由採購部門代為處理。

2.最高經營者之經營理念:若經營者認為企業內部之物流工作可全部委託專業物流公司,則企業內部不會設置物流組織。但是一般情形可能都設有物流單位,只是規模大小則視經營者想法而定。

3.人力資源條件:具有良好物流人才者,將可提出良好物流體系及組織之架構,以及建立正確物流組織之利益。

4.企業經營需要:如果物流活動不多,則可能委託專業物流公司代為處理。

5.工作性質:工作性質可分為非例行性或例行性兩大類,在進行組織設計時,應予注意,以免影響組織之運作。

6.公司營運目標及策略:公司的營運目標及策略若在於提高運送效率,則為符合此條件,必須在組織設計上,加強各部門間的環環相扣的互動性。

7.其他內在條件:包括組織範圍及複雜度、業務持續性、面對環境變化適應性、設置地點、目標市場特性、使用設備、所需專業知識、人力資源來源、組織完整性。

(二) 外在環境:包括經營環境的變化與產業特性。

二、物流組織規劃設計之步驟

一般企業在進行物流組織設計時,常依循下列步驟進行,即:1.公司經營理念;2.公司經營目標與策略;3.參考同業間的組織結構;4.瞭解未來內外在環境之變遷;5.設計初步的組織架構或修正的架構;6.檢視組織架構是否與前述步驟的內容相互配合;7.進行實際組織架構的建立;8.評估建立組織所須投入之人力成本;9.評估是否須進行再教育訓練,以及10.組織正式運作後,不斷監督及評估該組織架構運作下之效率,並隨時提出修正的意見。

三、物流組織之型態

(一) 直線組織:此種物流組織型態是由上而下分為幾個層級,同一個層級中之各單位地位相同。此型態較常見於規模較小的企業及訂單生產的公司。

(二) 動能性組織:即物流部門中依物流之功能(如規劃、分析、協調、工程)加以區分不同物流單位。此型態亦常見於中小企業。

(三) 直線/幕僚組織:此物流組織型態即是在物流組織下,包括直線及幕僚所形成的混合型物流組織。一般適合規模較大的企業採用。

物流組織的規劃與型態

規劃考量因素

1. 內在條件
   - ①組織特性
   - ②經營理念
   - ③人力資源
   - ④經營需求
   - ⑤工作性質
   - ⑥營運目標及策略
   - ⑦其他條件

2. 外在環境
   - ①經營環境變化
   - ②產業特性

規劃設計步驟

①理念
→
②策略
→
③同業作法
→
④內外在環境
→
⑤組織架構
→
⑥檢視合理性
→
⑦組織架構建立
→
⑧人力成本評估
→
⑨再教育訓練之評估
→
⑩修正

型態

① 直線組織

② 動態組織

③ 直線／幕僚組織

良好物流組織應有之原則及特性

①有效性　②效率性　③分工　④權責劃分　⑤指揮系統
⑥接觸途徑（人際關係之運用）　⑦平衡性（分權及集權之平衡）
⑧控制　⑨持續性

Unit 2-9
訂單處理──作業程序

訂單處理關係企業之營運，其處理範圍甚至包括訂單是否發生異常動態、訂單進度是否如期進行、客戶拒收、配送錯誤等。

訂單處理作業程序包括接單、訂單資料處理（訂單資料輸入、訂單資料查核與確認、企業商品庫存分配、出貨資料詳細列出）、出貨物流作業（揀貨、加工、分配、派車、出貨），以及訂單狀況管理等四大流程。

由於訂單處理作業程序內容豐富，本單元先就接單作業，以及訂單資料內容的設計說明之。

一、接單作業

(一) 傳統訂貨方式：包括廠商鋪貨、廠商巡貨及隔日送貨、電話口頭訂貨、傳真訂貨、郵寄訂單，以及零售商自行取貨等方式。不論是哪種方式，均必須依賴人工輸入相關資料，而且經常重複輸入，不僅容易造成作業錯誤，而且常耽誤時間。

(二) 電子訂貨方式：電子訂貨係透過電子傳遞方式，取代傳統之訂貨作法，也就是將訂貨資料轉化為電子資料形式，並藉由通訊網路傳送。也就是採用電子資料交換方式，取代傳統商業下單、接單的自動化訂貨系統。

電子訂貨方式計有下列三種，即：1.採用訂貨應用系統；2.POS（point of sales，終端銷售管理系統），以及3.訂貨簿或貨架標籤配合手持終端機（H. T., handy terminal）及掃描器。

而電子訂貨的處理方式，以對象來說，包括企業內的電子訂貨（企業內之電子訂貨初期只在於企業內部之訂貨作業連線），以及企業間的電子訂貨（各企業間因有不同作業流程、不同表單、不同電腦機種，因此技術上則透過EDI及VAN網路中心進行整合）兩種。

二、訂單資料內容

(一) 訂單型態：包括一般交易訂單、現銷式交易訂單、合約式交易訂單、寄庫交易、間接交易訂單，以及兌換券交易等六種型態。

(二) 訂單內容資料：包括訂單表頭資料（訂單號碼、訂貨日期、客戶名稱、客戶代號、客戶採購號碼、送貨日期、送貨地址、配送梯次、配送要求、付款方式、訂單狀態、業務員代號、備註），以及訂單明細資料（商品代號、商品名稱、商品單價、商品規格、訂購數量、金額、折扣、交易類別）兩大內容。

(三) 訂單檔案內容設計之考量：包括客戶資料部分（配送區域、車輛型態、卸貨地點或環境特性、配送路線順序、配送之特殊要求、客戶型態、客戶等級、信用額度）、商品資料（商品價格結構、替代性商品、最小訂貨單位、包裝單位換算基準、包裝材積）、庫存資料（已採購未入庫量、可分配量、已分配量）、促銷資訊（贈品、兌換券、價格或數量折扣），以及客戶應收帳款等五大考量因素。

訂單處理作業程序

接單作業	1.傳 統 訂貨方式	+	2.電 子 訂貨方式

①**採用訂貨應用系統**：若企業內部資訊系統具有訂單處理系統，可將訂貨資料經由軟體將之轉換成與供應商約定之共通格式，並在約定時間裡將資料傳出。

②**POS（point of sales，終端銷售管理系統）**：零售商若有POS收銀系統，可在商品庫存檔內設定安全存量，只要銷售一筆商品時，電腦會自動扣除該商品庫存量，當庫存量低於安全存量時，即自動產生訂貨資料，資料確認後再透過電信網路傳給總公司或供應商。

③**訂貨簿或貨架標籤配合手持終端機（H. T., handy terminal）及掃描器**：訂貨人員攜帶訂貨簿及H.T.巡視貨架，當商品缺貨時用掃描器加以掃描，再輸入訂貨數量，當公司所有訂貨資料輸入完畢後，利用數據機將訂貨資料傳給總公司或供應商。

訂單資料處理	1.訂單型態	2.訂單內容資料	3.檔案內容設計
	①一般交易訂單 ②現銷式交易訂單 ③合約式交易訂單 + ④寄庫交易 ⑤間接交易訂單 ⑥兌換券交易	①訂單表頭資料 ②訂單明細資料 +	①客戶資料部分 ②商品資料 ③庫存資料 ④促銷資訊 ⑤客戶應收帳款

出貨物流作業	→	訂單狀況管理

Unit **2-10**
訂單處理──狀況管理與資料分析

訂單資料處理有其一定程序，如想要確保訂單進度，就要瞭解如何追蹤與分析。

一、訂單資料處理程序

(一) 訂單資料輸入

1.人工輸入：即是將業務人員提供之訂單、客戶相關資料等資料輸入電腦；實務上可能易發生錯誤，且會遲延時日。解決方式包括增加系統之自動查核或提示功能、利用訂貨簿，以及將作業平整化，減少尖峰訂貨時段的擁擠。

2.連線輸入：透過電腦網路技術，將客戶電子訂貨資料直接轉入公司電腦系統。

(二) 訂單資料查核及確認：包括輸入檢查（訂貨資料項目之基本檢查），以及交易條件確認（含客戶信用狀況確認、訂單型態確認、銷售配額確認、庫存確認、價格確認）兩大項。

(三) 庫存分配：包括庫存分配模式（單一訂單分配、批次分配）、參與分配訂單範圍（前次已分配卻未出貨訂單、延遲交貨訂單、缺貨補送訂單、遠期訂單、解除鎖定訂單）、多倉或多儲位或多批號的庫存分配選擇、分配順序（具特殊優先權者、依客戶等級、依交易量／交易金額、依客戶信用狀況）、分配後之異動處理（補送、順延交貨、重新調撥分配、移轉至下次訂單）。

(四) 訂單資料處理輸出：包括出貨單（單一訂單別揀貨、批量揀貨）、送貨單（單據列印時間、送貨單資料），以及缺貨資料（庫存缺貨商品、缺貨訂單）等三種。

二、訂單狀況管理

(一) 訂單進度追蹤：欲追蹤訂單進度，必須瞭解訂單狀態如何轉換，且系統檔案如何設計，以掌握其狀態。一般而言，大致會出現下列狀態，依順序包括訂單狀態（已輸入且已確認之訂單、已分配訂單、已揀貨訂單、已出貨訂單、已收款訂單、已結案訂單）、相關檔案之確認（訂單狀態、相關檔案設計）、訂單狀態資料之查詢列印（訂單狀態明細表、未出貨訂單明細表、缺貨訂單明細表、未取款訂單、未結案訂單）。

(二) 訂單異動處理：較常發生之訂單異動情形，包括客戶增加訂單、客戶取消訂單、客戶減少部分訂單、揀貨時發生缺貨，以及送貨時，客戶拒收或發生短缺等。

三、訂單資料分析

訂單資料可供應用之分析，以銷售為例，大致可包括商品別銷售分析（月別或季別或年別銷售金額／銷售量之絕對資料、商品區域銷售排名、商品銷售排名、商品售價記錄分析、久未交易商品）、客戶別銷售分析（月別或季別或年別客戶別銷售金額／銷售量之統計資料、客戶銷售排名資料、客戶銷售退貨統計資料、久未交易客戶資料），以及區域別銷售分析（銷售資料、銷售排名、銷售商品排名、銷售消長狀況）等三大項目。至於採購部分的分析，亦可比照適用。

訂單狀況管理與資料分析

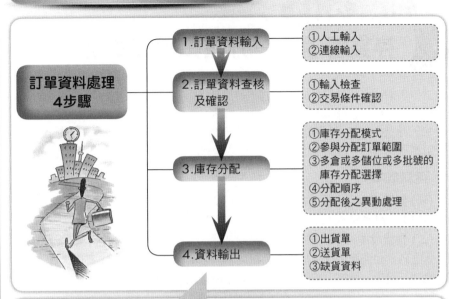

訂單資料處理 4步驟

- 1.訂單資料輸入
  - ①人工輸入
  - ②連線輸入

- 2.訂單資料查核 及確認
  - ①輸入檢查
  - ②交易條件確認

- 3.庫存分配
  - ①庫存分配模式
  - ②參與分配訂單範圍
  - ③多倉或多儲位或多批號的 庫存分配選擇
  - ④分配順序
  - ⑤分配後之異動處理

- 4.資料輸出
  - ①出貨單
  - ②送貨單
  - ③缺貨資料

訂單狀況管理

- ① 訂單進度追蹤
- ② 異動處理

訂單進度追蹤3步驟

- ① 訂單狀態
- ② 相關檔案之確認
- ③ 訂單狀態資料之查詢與列印

訂單資料分析項目

以銷售為例

- ① 商品別銷售分析
- ② 客戶別銷售分析
- ③ 區域別銷售分析

Unit **2-11**
存貨管理──分類與管理決策

　　一般所謂之存貨係指所有能留於未來，具經濟價值但是目前仍在閒置的資源，它可能包括原材料、半製品、製成品、機器設備、消耗性材料等。

　　由於存貨發生的原因有很多，從不同角度觀察，也會有不同看法。因此企業更要時時留意可能產生存貨的原因，並立即採取有效的存貨管理行動。

一、存貨成本

　　(一) 購置成本：購置成本係指為獲得存貨所產生之相關費用，包括單位成本（即貨品價格）、訂購成本（即訂單處理及訂單傳遞之各項費用）。

　　(二) 存置成本：存置成本又稱為持有成本，即是企業在某一段時間內維持存貨可能產生之各項相關費用，包括資金積壓成本、空間成本、陳腐化成本（即為存貨因折舊、腐壞、變形、過時、破損、失竊等因素所造成之原有價值下降的部分）、保險與稅捐等成本項目。

　　(三) 缺貨成本：缺貨成本是因存貨不能滿足需求所產生的各項損失，也就是顧客需求的商品發生短缺時，則立即發生缺貨成本，包括延遲訂貨成本、銷售損失成本。

二、存貨分類管理

　　一般為提高存貨管理效率，企業對存貨採取分類管理，然而存貨分類有不同作法，目前企業界運用最為普遍的為ABC存貨分類法，或稱為存貨重點管理。

　　(一) ABC存貨分類標準：其基本原理係將企業全部存貨，依品種和占用資產量劃分為A、B、C三類。

　　(二) ABC存貨分類之控制程度：A類貨品採嚴密控制，詳細計算存貨量、訂貨間隔期短、訂貨次數多、訂貨量少、具有詳細進出記錄、經常檢查存貨，而其安全存貨低。B類在上述各項指標均為適中，而C類則恰與A類貨品相反。

三、存貨管理決策

　　企業要做好存貨管理，有其一定的原則與實施步驟必須遵循，才能事半功倍。

　　(一) 原則：主要有1.根據存貨性質予以適當之存貨分類；2.遵守ABC分類或20－80法則等重點管理之原則；3.採用合理之評估標準；4.適度掌握需求預測及存貨前置時間；5.以合理的方式對存貨成本予以推估；6.設法平衡與存貨相關物流活動所產生之各項成本；7.使用良好及合適的運用模式作為問題解決之依據，以及8.事後及持續性的追蹤。

　　(二) 實施步驟：1.瞭解存貨目標與實際的差異情形；2.找出及確認此項問題之真正關鍵因素何在；3.尋找及確認存貨之性質，如根據採購情形、用途、使用數量、成本及銷售情形，尋找及確認存貨性質、特性、重要性；4.選擇及評估方案；5.確定最佳方案；6.執行，以及7.事後之績效審核。

存貨管理之分類與決策

存貨發生的原因

① 基於對客戶服務品質的考慮,例如:需求變化太大。

② 避免不正確預測的發生,而造成生產或銷售之困擾。

③ 客戶產品之滯銷或退貨。

④ 配合產業季節性之特殊需求。

⑤ 訂貨及交貨之期間發生變化。

⑥ 訂貨時機未能充分掌握。

⑦ 內部控制不佳,造成庫存與帳冊數量有所出入。

⑧ 品質不穩定,以存貨作為補貨之用。

⑨ 配合製造商的經濟製造批量。

⑩ 因應製造商生產計畫之變更。

⑪ 供應商商品來源不穩定。

⑫ 投機性的存貨。

⑬ 避免缺貨而影響商譽。

⑭ 取得貨品之前置時間太長,利用存貨避免發生供貨不及。

存貨成本3種類

1.購置成本 ➜ ①單位成本 ②訂購成本

2.存置成本 ➜ ①資金積壓成本　②空間成本　③陳腐化成本　④保險與稅捐……

3.缺貨成本 ➜ ①延遲訂貨成本 ②銷售損失成本

ABC存貨分類法

企業存貨依品種和占用資產量劃分為三大類

A類	B類	C類
存貨品種累積數約占品種總數之5~10%,但是其價值占總值之比例甚高,累積資金約占存貨總價值之70%左右。	存貨品種累積數占品種總數之20~30%,但其累積資金占存貨總價值之20%。	存貨品種累積數占品種總數之60~70%,但其累積資金則占存貨總價值之15%以下。

Unit **2-12**
存貨管理——控制系統

研究存貨控制系統之主要目的在於擬定適當的再訂購點、訂購數量與存貨水準。茲將最常見之存貨控制系統說明之。

一、雙箱系統（two-bin system）

雙箱系統為最簡單之存貨控制系統，即是將同一項目之物料置於兩容器中，嚴格限制僅能從其中一個容器取料，待將容器內之全部物料完全使用後，始能從第二個容器取料；同時請購第一個容器之物料數量。不斷在兩個容器重複使用，故又稱為複倉系統。此系統優點在於不必記錄每次使用量，較適用於重點管理中之C類存貨物品。

二、定量訂購系統（fixed-quantity system, Q-system）

定量訂購系統係指在存貨總成本最低的情形下，每次訂購相同數量之存貨管制系統，此項採購量稱為經濟採購量（economic order quantity, EOQ）。此系統是當存貨持有數量達到預定的最低數量時（此為訂購點），則開始訂購一定數量的存貨，不過可能因每日使用量不同，故訂購期間不同。一般而言，訂購Q數量之物料，其訂購點的決定是依據採購前置時間的使用量。

此系統最大優點在於企業內部可確認經濟訂購量，且訂購數量固定，故較適用於重點管理中之A類貨品。

三、定期訂購系統（fixed-interval system）

定期訂購系統是指每次訂購期間間隔相同的存貨管制系統。一般作法係依據企業政策或企業過去的採購經驗擬出一套訂購期間（例如：每月的最後一天訂購、每月訂購一次），訂購數量每次不一定相同，而這個訂購量即是訂購當時的倉庫最大容量與倉庫現有存量間之差距。

此系統的缺點是每次檢查均須決定訂購數量，且兩次訂購期間欠缺控制，易造成缺貨損失；但它卻有不需持續監視及盤點現有存貨，且訂單處理與裝運較為節省等許多優點，故較適用於重點管理中之C類貨品。

四、最小最大訂購系統

最小最大訂購系統是定量訂購系統之修正，它與定量訂購系統最大差異在於訂購數量並不是為一固定數，而為訂購當時的倉庫最大容量與倉庫現有存貨間之差額。

五.T.R.M訂購系統

T.R.M訂購系統為定期訂購系統與最小最大訂購系統的整合，在此系統中應同時設定一固定週期與訂購點，在到期日檢核存貨；若此時存貨量低於訂購點，則採購量為倉庫的最大容量與現有存貨間的差額，否則不予訂購，直到下次到期日再行檢查。

存貨控制系統

1.雙箱系統

優點 不必記錄每次使用量。

適用存貨重點管理C類物品

2.定量訂購系統

優點 企業內部可確認經濟訂購量,且訂購數量固定;相反地,為瞭解存貨在何時到達訂購點,所須投入之人力、物力相當龐大。

適用存貨重點管理A類貨品

3.定期訂購系統

缺點 每次檢查時,均須決定訂購數量,且兩次訂購期間欠缺控制,易造成缺貨損失。

優點 有相當多優點,例如:不需持續監視及盤點現有存貨,且多項貨品可同時訂購,訂單處理與裝運均較為節省。

適用存貨重點管理C類貨品

4.最小最大訂購系統

優點 與定量訂購系統相同,且可避免存貨總額超出倉庫的最大容量,為一項嚴格的管制措施。

適用存貨重點管理A類貨品

5.T.R.M訂購系統

定量訂購v.s.定期訂購

由於存貨控制系統以定量訂購與定期訂購兩系統最重要,故加以比較。

特性	定量訂購模型	定期訂購模型
1.訂購量	固定 (每次皆訂購相同數量)	變動 (每次訂購數量皆不同)
2.何時下訂單	當現有存量降至再訂購水準時	當盤存期間開始時
3.登錄記載	每次有增項或減項發生時	僅在盤存期間加以計數
4.存貨大小	比定期訂購模型少	比定量訂購模型多
5.維持的時間	由於永續盤點,故所需時間較長	
6.商品項目類型	高價格者,重要的項目	

Unit **2-13**
採購管理──供應商選擇

　　採購管理係指在必要性的生產期間，以最少的費用獲得必要的數量，而且達到規定品質標準的物質之一種管理活動。

一、採購方式

　　採購的方式可能是在一般市場得到供應，但亦可能是以指定的方法，在指定的企業製造或委託加工而得到供應。由於現代商業型態的日益複雜，只要是企業營運所需的物品（不論原材料、零組件，甚至半成品、成品），不論是以何種方式獲得，均可以採購的方式達成目標。採購方式包括集中採購及分散採購等兩種。

　　(一) 集中採購：首先應考量營運資料的採購機能，集中在單一管理者，達到費用降低的目的。尤其各部門若執行與本身無直接關係的採購行為，這些均經由公司內部專業部門透過蒐集各種市場資訊，以作為採購的參考。

　　(二) 分散採購：若是企業規模較大，其工廠或營業場所分散各地，採取分散採購的方式較符合需要。此時除依市場狀況而採用的常備物料計畫及長期買賣合約選定之物品外，在實施分散採購時應注意下列條件：1.物料的購買市場是否能確保具有一定的供應管道；2.物品的品質保證；3.購買時是否符合經濟效益，以及4.是否與地方性狀況有關，在全球化中，常會在開發中國家面臨此問題。

　　在全球化的環境下，愈來愈多的企業在採購上，可能部分物品採集中採購，但部分物品則採分散採購。以個人電腦為例，不同的零組件採用不同的採購方式，這是為了因應接單生產（BTO）、接單組裝（CTO）、生產模組化等營運型態的產生，所必須採取的方式。

二、供應商的選擇

　　(一) 現有供應商資料之整理：現有各種供應商的相關資料及目錄，均應加以詳細整理分析，甚至與企業營運有密切關係的物品供應商，更應進一步瞭解其營運狀況及過去與公司交易的記錄，包括經營狀況資料、交易記錄文件（應包括過去詢問報價的要點及交易的實際狀況）。

　　(二) 新供應商的調查：公司應在可能的供應商中，選擇最合適的三至五家最佳供應商，而不是將所有合適的供應商全數列入交易對象，這會增加採購管理上的難度。

　　1.選擇方法，包括書面審查（含估價單、公司概況、經營狀況等）、與經營者面談、工廠視察、財務分析。

　　2.選擇時之考量因素，包括估價單之妥當性、降低成本之可能性、工廠規模、有無生產能力、地理條件、有無特殊技術、經營者的道德、勞務狀況、財務狀況、工廠環境、從業人員的敬業態度、工程管理的組織制度、提交報告之確認、品質檢驗狀況、交貨期。

　　(三) 對供應商之評價：上述所提考量因素，最後均是選擇供應商之評價依據。

採購方式與供應商選擇

採購2方式

1.集中採購
集中在單一管理者，達到費用降低的目的。

2.分散採購
企業規模較大，且工廠或營業場所分散各地，採取分散採購的方式較符合需要。

如何選擇供應商？

1.現有供應商之整理

2.新供應商之調查 ➡ ①選擇方法 ＋ ②選擇時之考量因素

原則上，公司應在可能的供應商中，選擇最合適的三至五家最佳供應商，而不是將所有合適的供應商全數列入交易對象，這會增加採購管理上的難度。

3.供應商之評價依據 ➡
①是否遵守質量標準？
②交貨可能出現延期交貨嗎？
③是否能正確依契約將物品交付指定地點？
④從處理訂單至交貨期間，對於各種相關事務工作的處理是否正確？
⑤對於電話、網路、信件等詢問能否快速回應？
⑥對方是否對交貨管理具有嚴格之管控？例如：預期中的延期交貨能否事先通知？
⑦該企業之商譽如何？買賣上是否有不良記錄？
⑧該企業之經營者人品如何？是否具有責任感？
⑨在面對各種環境變化時，能否與公司共同合作，以求解決之道？

Unit **2-14**
採購管理——採購實務

負責採購者不可以依自己的想法採購物品,而是應依物品需求者的要求採購。通常包括補充常備庫存物品之需求、符合擬定製造或營運計畫所需之物品要求、根據市場狀況需要之物品要求。

一、採購方法

(一) 一次採購:此採購方式係採購部門每逢有需求時,即簽約採購訂貨合約。

(二) 合約採購:所需物品之採購是以長期計畫中,對所有需求之物品,一起簽訂合約,其對價格常有特別要求。

(三) 預定合約採購:若是採購以預定的價格及數量簽訂合約,等到最後確認實際買入的數量時,再適度調整其價格。

(四) 一併採購:若是如消耗品等使用量不大,但品類很多,常會一定品種選定少數供應商,經常採購,約定每月或一定期間結算一次採購金額。

(五) 投機採購:根據市場狀況,在最有利的情形下實際採購。

(六) 市場採購:為確保一年中營運必需之物品數量,常根據市場狀況,在最有利的機會下採購,它不見得依具體生產計畫或營運計畫採購。

二、採購合約的選定

原則上,採購合約的選定從供應商名單中選擇最合適者。採購不能以個人意願採購,而是採各種公正的方法來決定。常見的方式說明如下:

(一) 公開招標採購:即是事先公告對訂貨進行說明,並針對供應商提出交貨的估價單,與本身內部原先預定的價格相比較,選擇合適者簽約。

(二) 指定招標制:若是針對供應商要求特定條件時,這便是指定招標。招標制度是以下限決定招標者為原則,再從指定供應者中選擇每家公司。

(三) 詢問採購:即是由供應商名單中直接詢價,經交涉後,選擇最合適的供應商。

三、採購契約條款

長期採購必須將基本的各種條款明確以文書形式表達。一般契約條款,應提出物品之品稱、記號、方法、數量、單價、金額、交貨條件、交付條件、支付幣別、接受檢查的方法、品質的條件、違約等事項,甚至還包括轉承包、拖延支付等防止條款。

四、採購的實施步驟

實施採購事務的方式,可依下列手續辦理:1.確認需求,即是受理採購申請;2.採購來源與物品項目之確認,以及3.價格調查,決定採購單位,即是評估供應商。此時常可能會實際到生產現場作調查評估。由於第3階段最為複雜,即是必須針對供應商進行調查評估,而作法上係根據前述的考量因素即可。

採購實務

常見採購6方法

1.一次採購　　2.合約採購　　3.預定合約採購
4.一併採購　　5.投機採購　　6.市場採購

常見採購合約3方式

1.公開招標採購
2.指定招標制
3.詢問採購

★實務上，採購方式尚可包括比價採購、議價採購、定價採購、公開市場採購等。
★目前政府部門在採購上採取更複雜的作法，在公開招標中，甚至採限制性招標，同時過程中採專家徵選方式運作。

採購契約條款

1.物品的規格　→　物品的規格有時甚至必須附上設計圖。
2.價格和支付條件。
3.交貨期和交貨條件　→　有時甚至包括交貨地點、交貨方式等。
4.購入檢查的方法和是否符合品質標準。

採購實施3步驟

Step 1
確認需求

Step 2
採購來源與物品之確認

Step 3
評估供應商

①評估供應商的經驗、財務結構、製造能力、合作意願等
②要求供應商報價與評估　　③協商價格與條件
④簽訂採購契約和訂貨　　⑤交貨期的管理
⑥進貨物品的接收　　⑦支付貨款

Unit **2-15**
顧客服務

良好的顧客服務，不僅能提高企業形象，更能帶來源源不絕的商機。

一、顧客服務影響因素

(一) 時效性：服務之時效性可從訂單傳送時間、訂單處理時間、運貨準備時間、貨物的進出倉庫時間、貨物運輸時間、貨物交貨時間等加以研判。

(二) 可信度：企業應在安全無虞、無缺失、正確數量的條件下，將貨物運交顧客指定地點，以建立顧客對公司作業的可信度。

(三) 溝通性：企業為追求時效性及可信度達到應有水準，有必要與顧客建立一條有效之溝通管道，如此將可減少談判、作業時間，更重要將可減少雙方成本之負擔。

(四) 方便性：倉儲與運輸作業應設法彈性處理顧客要求，儘量給予顧客更多的方便，此種差異性服務將是公司營運的利基之一。

(五) 成本性：物流成本高低對企業所提供之各種服務條件，具有絕對性的影響；就是公司應在適當成本下，使得顧客服務具有時效性及可信度的標準。

(六) 服務性：此處的服務性係指服務態度而言，企業對顧客所提供的各項服務均須符合標準。

二、顧客服務品質之建立

(一) 良好顧客服務品質特性：包括顧客服務的專業知識、顧客服務之完整性及正確性、顧客服務的一致性及可信賴度、合理價格、更正錯誤的意願。

(二) 建立顧客服務品質之技巧：包括1.重視企業形象，透過口碑通路達到吸引顧客的目的；2.利用廣告、促銷等方法適度與顧客建立起溝通管道；3.瞭解顧客真正的需求；4.瞭解公司與同業間的顧客服務水準為何；5.找出顧客期望之服務水準和企業本身現有水準之差距，並比較兩者之間的優劣；6.針對應加強服務的部分予以設計規劃，並考量如何分配企業資源；7.若企業無法達到顧客對服務的期望，企業應設法找出彌補之道；8.企業如何將物流顧客服務之項目、水準均納入企業的顧客服務系統，並設法對人員施予訓練；9.企業如何評價物流顧客服務水準，且透過此項評估基準達成顧客服務的良好品質；10.設法將這些無形的服務轉化為有形化，藉以使顧客能體會到此項服務之存在；11.建立差異化，也就是使企業之顧客服務與競爭者有所不同，且成為企業之競爭核心能力，以及12.顧客服務水準雖應予以標準化，但是仍須依不同目標區隔市場，採用不同的作法。

三、顧客服務之基本決策程序

(一) 基本決策：即顧客服務水準、顧客服務組合、顧客服務方式三種基本決策。

(二) 顧客服務決策步驟：顧客服務決策程序在各企業間並無一致性作法，與該企業組織文化、組織架構有很密切關係，常見的步驟提出如右，以供企業參考。

顧客服務的影響因素與決策步驟

顧客服務 6影響因素

→ 1.時效性
→ 2.可信度
→ 3.溝通性
→ 4.方便性
→ 5.成本性
→ 6.服務性

①訂單傳遞時間
→係指顧客發出訂單至供應商收到訂單的時間。
②訂單處理時間
→係指公司內部處理此項訂單的時間,這可能牽涉倉庫、運輸、行銷、會計等部門。
③運貨準備時間(含貨物進出倉庫時間)
→至顧客處接受貨物,再將貨物從倉庫裝運至車輛之時間均為運貨準備時間。
④貨物運輸時間
→企業利用何種運輸工具?採用何條運輸路線?這些均與貨物運輸時間有很大的關係。

服務品質如何建立?

1.良好服務品質特性 **＋** 2.建立服務品質技巧

服務品質的建立

基本決策程序

基本決策

1.顧客服務水準
通常顧客對企業所提供之服務,除了對服務項目有所要求外,同時也會對其品質要求達到一定的程度。

2.顧客服務組合
企業內部應就本身的資源考量所能提供之服務包括哪些項目。利用顧客組合產生差異化,亦是顧客服務策略重要的一環。

3.顧客服務方式
採用哪些方式能達到顧客服務的標準呢?主要仍是採取良好的顧客服務品質政策。

顧客服務決策步驟

1.確定經營理念。　2.分析顧客需求。　3.蒐集產業、產品、競爭者等相關資訊。
4.針對上述資訊,再考量企業內部資源優缺點,而找出數項可行方案。
5.針對顧客真正需求、企業資源、競爭者狀況等因素,選擇最適合企業的顧客服務策略。
6.執行此項最可行的方案。　7.服務績效之評估。
8.根據評估後之服務績效,決定是否修正現有之顧客服務決策。

Unit **2-16**
物流管理評估──評估指標之選擇

　　物流管理的目標是追蹤作業計畫與實績之差，以發現提高效益與效率的機會。因此，隨時對物流管理進行評估，乃是讓企業運作更加順暢的必要之道。

一、進行物流管理評估之基本原則

　　(一) 企業內部應建立完整之評估架構及程序：物流管理中包括許多工作項目，若無一個完整評估架構及程序，可能浪費太多人力、物力，反而違背評估原意。

　　(二) 評估內容應清楚而合理：評估內容應清楚且合理，使全體員工都能充分瞭解，並利用目標管理等管理技術，以配合活動之改進。

　　(三) 評估項目依重要性給予不同的權重：由於評估項目對物流管理之影響程度不同，因此必須給予不同的權重，始能真正釐清哪些項目較為重要。

　　(四) 除定量評價外，亦須包括定性之評價：物流管理評估項目部分無法以數量方式直接表達，應考量予以數量化，以利評估。

　　(五) 評估時之單位除金額外，亦須注意其他單位：物流活動中許多不是以金額表達，因此企業內部進行評估時，應加以列入考量，以免遺漏許多重要資訊。

二、物流管理評估指標之選擇步驟

　　(一) 劃分物流作業項目：物流作業項目區分為訂單處理、進出貨、儲存、揀貨、配送、採購，評估項目亦是以此方向為基礎，另再加上整體評估。

　　(二) 選擇物流評估要素：物流管理之評估項目因區分方式不同，而可能會有不同之評估項目，包括人員生產力評估、設備生產力評估、設施空間生產力評估、作業規劃管理力評估、貨品／訂單效益之評估、成本力評估、品質力評估、時間生產力評估等。

　　以下利用各作業的運作內容說明評估要素之選擇：1.進出貨作業生產力評估要素，包括空間利用力、設備稼動、人員負擔、時間耗費；2.儲存作業生產力評估要素，包括存貨效益、設施空間利用度、呆廢料情形、成本支出情形；3.盤點作業生產力評估要素，包括盤點品質；4.訂單處理作業生產力評估要素，包括訂單處理效率、交貨與服務品質；5.揀貨作業生產力評估要素，包括設備稼動、人員效率、時間效率、成本支出、揀貨策略、揀貨品質；6.配送作業生產力評估要素，包括人員負擔、配送規劃、車輛負荷、時間效益、配送品質、配送成本；7.採購作業生產力評估要素，包括採購成本、進貨採購品質，以及8.非作業面量評量生產力評估要項，包括空間效益、全體人員情形、設備投資效益、時間效益、營運收支狀況、貨品效益。

　　(三) 建立廠商基本營運資料：應將企業期間內營運的成果數據及各項資源運用狀況，均納入分析範圍之內。

　　(四) 選出各作業生產力量化指標：基本上，企業主能選出有效之生產力衡量指標，將有助於物流活動效率之提升。

物流管理評估指標之選擇

進行物流管理
5大基本原則

① 建立完整評估架構及程序
② 評估內容清楚合理
③ 評估項目給予不同權重
④ 定量及定性之評價
⑤ 評估因素包括金額、時間等

評估指標選擇4大步驟

Step 1 劃分物流作業項目

Step 2 選擇物流評估要素

①進出貨作業生產力評估要素 ➡
①設施空間生產力 ②設備生產力
③人員生產力 ④時間生產力

②儲存作業生產力評估要素 ➡
①貨品訂單產出效益 ②設施空間生產力
③品質力 ④成本力

③盤點作業生產力評估要素 ➡
品質力

④訂單處理作業生產力評估要素 ➡
①貨品與訂單效益
②品質力

⑤揀貨作業生產力評估要素 ➡
①設備生產力 ②人員生產力
③時間生產力 ④成本力
⑤作業規劃管理力 ⑥品質力

⑥配送作業生產力評估要素 ➡
①人員生產力 ②作業規劃管理力
③設備生產力 ④時間生產力
⑤品質力 ⑥成本力

⑦採購作業生產力評估要素 ➡
①成本力
②品質力

⑧非作業面評量生產力評估要項 ➡
①設施空間生產力 ②人員生產力
③設備生產力 ④時間生產力
⑤成本力 ⑥訂單與貨品效益

Step 3 建立廠商基本營運資料

Step 4 選出各作業生產力量化指標

Unit **2-17**
物流管理評估──評估指標之應用
Part I

目前物流活動中可使用之評估指標相當多，不同行業之需求並不完全相同，本文就一些常見且共同性之評估指標加以註明並將公式列示如右，以供對照參考。

一、進出貨作業之評估指標

當①進（出）貨時間率（時間耗費評估指標）與②每人每日處理進（出）貨量（人員負擔評估指標）兩項公式可合成四種狀況，例如：進出貨量低，但進出貨時間率高的情形，可能是進出貨作業人員太多，以及進出貨處理上較繁雜，且進出貨人員作業效率較差。③碼頭使用率（空間利用評估指標）過高，表示碼頭月臺數量可能不足。

二、儲存作業之評估指標

我們可從①儲區面積率（設施空間利用度評估指標）、②儲位容積使用率（設施空間利用度評估指標），以及③單位面積保管量（設施空間利用度評估指標）一併來看，如果①與②兩項指標偏低，則可能代表存在兩項問題，即存貨量相對較儲區小，以及每個儲位可能受重量之限制。

一般而言，④庫存週轉率（存貨效益評估指標）低時，則代表公司產品之週轉速度慢，可能造成原材料損壞、保管費用及利息費用激增、資金調度不易等問題。如果⑤庫存管理費率（成本花費評估指標）高時，代表企業內部對庫存管理費用未能適當控制。⑥呆廢料率（呆廢料評估指標）過高時，其原因很多，例如：產品變質、驗收疏忽、不當採購等，必須審慎評估。

三、盤點作業評估指標

當盤點數量誤差率（盤點品質評估指標）高時，則代表公司對庫存管理有很大缺失，應加強注意可能造成盤點誤差的原因。

四、訂單處理作業評估指標

當①平均每日來單數（訂單效益評估指標）、②平均客單數（訂單效益評估指標）、③平均客單價（訂單效益評估指標），以及④平均每訂單包含貨品個數（訂單效益評估指標）四項指標不高時，則企業之營運狀況可能不是很好，應從改善經營體質、提高產品品質及服務品質等方案以求改善。

⑤訂單延遲率（客戶服務品質評估指標）過高時，表示公司運交顧客的能力不足，必須尋求改善。⑥立即繳交率（客戶服務品質評估指標）主要在顯示迅速交單的能力。⑦顧客退貨率（客戶服務品質評估指標）過高時，則對企業營運相當不利。

通常⑧客戶取消訂單率（客戶服務品質評估指標）與⑨客戶抱怨率（客戶服務品質評估指標）兩項指標過高時，常對企業營運形成相當壓力，會造成此種原因，大致包括產品品質不良、服務態度不佳、交貨遲延等不當的原因。

物流管理評估指標之應用

7大評估指標之應用

1.進出貨作業評估指標

①進（出）貨時間率（時間耗費評估指標）$= \dfrac{\text{每日進（出）貨時間}}{\text{每日工作時數}}$

②每人每日處理進（出）貨量（人員負擔評估指標）

$= \dfrac{\text{進（出）貨量}}{\text{進（出）貨人員數} \times \text{每日進（出）貨時間} \times \text{工作天數}}$

③碼頭使用率（空間利用評估指標）$= \dfrac{\text{進出貨車次裝卸貨停留總時間}}{\text{碼頭月臺數} \times \text{工作天數} \times \text{每日工作時數}}$

2.儲存作業評估指標

①儲區面積率（設施空間利用度評估指標）

$= \dfrac{\text{儲區面積}}{\text{建物面積}}$

②儲位容積使用率（設施空間利用度評估指標）

$= \dfrac{\text{存貨總體積}}{\text{儲位總容積}}$

③單位面積保管量（設施空間利用度評估指標）

$= \dfrac{\text{平均庫存量}}{\text{可保管庫存量}}$

④庫存週轉率（存貨效益評估指標）

$= \dfrac{\text{出貨量}}{\text{平均庫存量}}$ 或 $\dfrac{\text{營業額}}{\text{平均庫存金額}}$

⑤庫存管理費率（成本花費評估指標）

$= \dfrac{\text{庫存管理費用}}{\text{平均庫存量}}$

⑥呆廢料率（呆廢料評估指標）

$= \dfrac{\text{呆廢料件數}}{\text{平均庫存量}}$ 或 $\dfrac{\text{呆廢料金額}}{\text{平均庫存金額}}$

3.盤點作業評估指標

盤點數量誤差率（盤點品質評估指標）

$= \dfrac{\text{盤點誤差量}}{\text{盤點總量}}$

5.揀貨作業評估指標

6.配送作業評估指標

7.採購作業評估指標

4.訂單處理作業評估指標

①平均每日來單數（訂單效益評估指標）

$= \dfrac{\text{訂單數量}}{\text{工作天數}}$

②平均客單數（訂單效益評估指標）

$= \dfrac{\text{訂單數量}}{\text{下游客戶數}}$

③平均客單價（訂單效益評估指標）

$= \dfrac{\text{營業額}}{\text{訂單數量}}$

④平均每訂單包含貨品個數
（訂單效益評估指標）

$= \dfrac{\text{出貨量}}{\text{訂單數量}}$

⑤訂單延遲率（客戶服務品質評估指標）

$= \dfrac{\text{延遲交貨訂單數}}{\text{訂單數量}}$

⑥立即繳交率（客戶服務品質評估指標）

$= \dfrac{\text{未超過12小時出貨訂單}}{\text{訂單數量}}$

⑦顧客退貨率（客戶服務品質評估指標）

$= \dfrac{\text{顧客退貨數}}{\text{出貨量}}$ 或 $\dfrac{\text{客戶退貨金額}}{\text{營業額}}$

⑧客戶取消訂單率（客戶服務品質評估指標）

$= \dfrac{\text{客戶取消訂單數}}{\text{訂單數量}}$

⑨客戶抱怨率（客戶服務品質評估指標）

$= \dfrac{\text{客戶抱怨次數}}{\text{訂單數量}}$

⑩缺貨率（客戶服務品質評估指標）

⑪短缺率（客戶服務品質評估指標）

Unit 2-18
物流管理評估──評估指標之應用 Part II

本文所介紹七種物流評估指標涵蓋三十多個細項指標，當指標異常時，企業即應思考因應對策，力求改善。

四、訂單處理作業評估指標（續）

當⑩缺貨率（客戶服務品質評估指標）高時，最易流失客戶；而⑪短缺率（客戶服務品質評估指標）過高，不但會引起客戶抱怨及反感，且嚴重衝擊企業營運。

五、揀貨作業評估指標

當①揀誤率（揀貨品質評估指標）高時，除了影響後續出貨作業，更對客戶服務品質有極大的影響，同時增加額外勞力成本、管理成本、客戶流失。而②揀貨時間率（時間效率評估指標）太高時，可能是因為出貨量多、或揀貨人員太少或揀貨效率差。當③每人時平均揀取能力（人員效率評估指標）不高，可能是因為儲位規劃不佳、揀貨策略未能以最合理方式為之、揀貨路徑未能有效規劃等因素造成。若④揀取品項移動距離（人員效率評估指數）大，則可能因為儲位規劃不佳、揀貨路徑未能有效規劃、批量分配不當等因素造成。

六、配送作業評估指標

當①平均每人配送量（人員負擔評估指標）、②平均每人的配送距離（人員負擔評估指標）、③平均每人的配送重量（人員負擔評估指標），以及④平均每人的配送車次（人員負擔評估指標）四項指標過高時，均顯示人員負擔過於沉重，有可能造成配送服務品質不良，甚至造成人員傷害。

而⑤配送平均速度（配送規劃評估指標）低，表示所需配送距離不高，但所花費的時間卻不短，因此其中便隱藏某些問題，例如：配送路線或路況不良、司機本身問題、客戶驗貨太慢等。

若是⑥配送時間比率（時間效益評估指標）高，而⑦單位時間配送量（時間效益評估指數）及⑧單位時間生產力（時間效益評估指數）低時，通常是因為選擇路線之路況不佳、配送人員太少、出貨量少或出貨商品計價不合理等原因所造成。

七、採購作業評估指標

當①出貨品成本占營業額比率（採購成本評估指標）高時，係指公司的進貨成本太高，必須設法降低。

而②進貨數量誤差率（採購進貨品質評估指標）、③進貨不良品率（採購進貨品質評估指標），以及④進貨延遲率（採購進貨品質評估指標）等三項指標偏高時，表示採購進貨品質存在很大的危機，因此必須謹慎地給予解決。最基本的原因在於上游供應商出現問題，故必須針對供應商進一步瞭解。

物流管理評估指標之應用

7大評估指標之應用

1.進出貨作業評估指標

2.儲存作業評估指標

3.盤點作業評估指標

4.訂單處理作業評估指標（續）

⑩缺貨率（客戶服務品質評估指標）＝ $\dfrac{接單缺貨數}{出貨量}$

⑪短缺率（客戶服務品質評估指標）＝ $\dfrac{出貨品短缺數}{出貨量}$

5.揀貨作業評估指標

①揀誤率（揀貨品質評估指標）＝ $\dfrac{揀取錯誤筆數}{訂單總筆數}$

②揀貨時間率（時間效率評估指標）＝ $\dfrac{每日揀貨時間}{每天工作時數}$

③每人時平均揀取能力（人員效率評估指標）此項指標基本上由下列三項指標構成：

❶每人時揀取品項數＝ $\dfrac{訂單總筆數}{揀取人員數×每日揀貨時數×工作天數}$

❷每人時扱取次數＝ $\dfrac{揀貨單位累計總件數}{揀取人員數×每日揀貨時數×工作天數}$

扱取為揀取中之動作單元之一，純指抓取物品的動作。

❸每人時揀取材積數＝ $\dfrac{出貨品材積數}{揀取人員數×每日揀貨時數×工作天數}$

④揀取品項移動距離（人員效率評估指數）＝ $\dfrac{揀貨行走移動距離}{訂單總筆數}$

6.配送作業評估指標

①平均每人配送量（人員負擔評估指標）＝ $\dfrac{出貨量}{配送人員數}$

②平均每人的配送距離（人員負擔評估指標）＝ $\dfrac{配送總距離}{配送人員數}$

③平均每人的配送重量（人員負擔評估指標）＝ $\dfrac{配送總重量}{配送人員數}$

④平均每人的配送車次（人員負擔評估指標）＝ $\dfrac{配送總車次}{配送人員數}$

⑤配送平均速度（配送規劃評估指標）＝ $\dfrac{配送總距離}{配送總時間}$

⑥配送時間比率（時間效益評估指標）

＝ $\dfrac{配送總時間}{配送人員數×工作天數×正常工作時數}$

⑦單位時間配送量（時間效益評估指數）＝ $\dfrac{出貨量}{配送總時間}$

⑧單位時間生產力（時間效益評估指數）＝ $\dfrac{營業額}{配送總時間}$

7.採購作業評估指標

①出貨品成本占營業額比率（採購成本評估指標）

＝ $\dfrac{出貨品採購成本}{營業額}$

②進貨數量誤差率（採購進貨品質評估指標）

＝ $\dfrac{進貨誤差量}{進貨量}$

③進貨不良品率（採購進貨品質評估指標）

＝ $\dfrac{進貨不合格數量}{進貨量}$

④進貨延遲率（採購進貨品質評估指標）

＝ $\dfrac{延遲進貨數量}{進貨量}$

Unit **2-19**
個案　家樂福庫存控制策略

　　家樂福採取的是組合供應商的物流系統的方法，即充分依賴供應商的物流系統，這樣便可以大大地降低自己的營運成本。家樂福採用供應商直接供應的模式，所以其在中國的選址絕大部分都集中於上海、北京、天津及內陸各省會城市，且強調的是「充分授權，以店長為核心」的營運模式。

　　VMI是ECR（有效客戶反應）中的一項運作模式或管理策略，主要的概念是供貨商依據實際銷售及安全庫存的需求，替零售商下訂單或補貨，而實際銷售的需求則是供貨商依據由零售商提供的每日庫存與銷售資料，並以統計等方式預估而來的，整個運作上，通常供貨商具有一套管理的系統來做處理。

　　家樂福公司和雀巢公司在確定了親密夥伴關係的基礎上，採用各種資訊技術，由雀巢為家樂福管理它所生產產品的庫存。雀巢為此專門引進了一套VMI資訊管理系統，家樂福也及時為雀巢提供其產品銷售的POS數據和庫存情況，透過彙整雙方的管理資訊系統，經由Internet／EDI交換資訊，就能及時掌握客戶的真實需求。

　　家樂福庫存管理中的問題，包括第一，與供應商資訊傳遞不透明。家樂福與供應商之間的關係尚不夠協調，資訊傳遞尚不夠透明。第二，庫存管理系統不夠完善。目前家樂福超市的庫存管理系統還不具備專業性，功能也並不強大，各個區域系統相互獨立，口徑不統一，造成資源的極大浪費。第三，庫存控制過於簡單。目前家樂福超市對其所有的物品均採用統一的庫存控制策略，物品的分類沒有反映供應與需求中的不確定性。

　　家樂福解決庫存管理問題的具體措施，包括第一，針對與供應商資訊傳遞不透明的對策：含使用供應商管理庫存方法（指供應商在用戶的允許下，管理用戶的庫存，由供應商決定每一種商品的庫存水準和維持這些庫存水準的策略）與聯合庫存管理方法（它強調供需雙方同時參與，共同制定庫存控制計畫，使供需雙方能相互協調）。第二，針對庫存管理系統不完善的對策：含創新條碼技術（實現倉庫管理的全面自動化）與注重新設備在庫存管理中的應用（加快內部物流設施設備的更新，推廣高新技術在庫存管理中的應用）。第三，針對庫存控製過於簡單問題的對策：包括加快超市資訊系統建設（銷售資訊、庫存資訊、客戶資訊、成本資訊等與合作夥伴交流分享，做到資訊共享，增加資訊的透明度）及全體員工自覺參與庫存控制（促使員工的工作從對顧客的要求作出被動反應，轉變為對顧客需求進行積極的預測，向顧客提供全方位的商品和服務）。

　　加強超市庫存管理的策略建議，至少包括第一，訂單資訊的合理掌控。要

讓超市的訂單合理化，就是先要明確超市的銷量通過銷量合理預測及控制存量。第二，庫存商品的分類管理。在庫存量控制中，應根據商品銷售額與品種數之間的不均衡性，將配送中心裡的商品分為A、B、C三類。採用此種管理方法，減少管理成本和庫存量，消除庫存積壓和斷貨現象。第三，科學及時的盤點。要加強盤點工作，及時掌握真實的庫存資訊情況。超市存貨管理主要包括倉庫管理和盤點作業。倉庫管理是指商品儲存空間的管理，盤點則指對庫存商品的清點和核查。

資料來源

贏商網，超市庫存控制策略探討——以家樂福為例，2014年1月21日。

個案情境說明

家樂福在中國的作法是充分依賴供應商的物流系統，以降低其營運成本。

採用供應商直接供應模式，店面選址集中在上海、北京與各省會城市，且強調充分授權，以店長為核心的營運模式。	家樂福庫存管理存在與供應商資訊傳遞不透明等三大問題，依此問題提出相對對策。	加強庫存管理的策略建議，包括訂單資訊的合理掌握等三大策略。

動動腦

◎家樂福公司在中國的庫存管理有哪些問題待解決？您認為該公司的策略是否能達到預期目標？試評論之。

◎請您針對文末的策略建議三項作法提出評論，是否真能進一步改善家樂福的庫存管理問題？

Unit **2-20**
個案　富士康出現嚴重採購弊端

鴻海集團旗下在中國設廠的富士康，2012年傳出有高層幹部集體向廠商索賄，總裁郭台銘得知後震怒報案，並組成專案小組調查。臺灣鴻海集團旗下富士康在中國設有多家代工廠，鴻海在中國約有100萬名雇員。2012年9月，鴻海集團行政總經理兼商務長李金明接到一封來自供貨廠商的檢舉信，指集團旗下的表面組裝技術委員會（SMT）高層，因握有簽核設備的大權，長期向供應商索賄，李金明得知後認為事態重大，立即向郭台銘報告，郭台銘第一時間指示徹查並嚴辦。由於集團採購量非常大，郭台銘對採購主管的道德要求相當嚴格，這也是郭台銘對該案從嚴辦理的主因。

全案牽涉到集團採購高層和供應商的不當金錢往來。這個震撼海峽兩岸的富士康集體索賄案，因為企業規模太大，影響深遠，牽涉到很多國際級大廠向富士康高層行賄，導致富士康企業形象嚴重受損。

集體索賄的鴻海SMT（表面組裝技術委員會），負責調度整個集團內部設備、物料與資源，並對外發包採購，甚至握有合作廠商的評估、建議等權限。由於鴻海生產線的機器每五年就折舊一次，因此SMT每年都會經手相當可觀的採購，僅2013年就經手人民幣數百億元的採購金額。

SMT副主委，也是鴻海資深副總經理廖萬成等人，借遴選供應商資格和採購發包的機會，向合作廠商索取2.5%的回扣。廠商送回扣後，SMT就發給廠商合格代碼，取得供貨資格。廠商如果要進一步獲取標單，還得要再付一次錢。廖萬成2011年退休後，仍仗著在鴻海的人脈及影響力，繼續通過SMT經理鄧志賢索賄，甚至把回扣由2.5%提高到3%，並獨吞多出的0.5%，不法金額可能達到數億元新臺幣。由於需索無度，引起廠商不滿，終於向鴻海公司提出檢舉。

臺灣檢方最新的行動除了聲押鴻海前副總廖萬成，還收押了SMT總幹事鄧志賢以及被指控的郝緒光等人。另外，包括SMT委員會成員的經理游吉安及資深經理陳志釧等人也都被檢方約談。

這起在2012年爆發的醜聞，是由富士康總裁郭台銘親自要求送交司法偵辦的，該案爆發是因為不堪被索賄的日本電子大廠向郭台銘檢舉。富士康並未對外說明詳細案情，僅表示這是公司內部稽核發現後主動報案。

鴻海正在配合派駐該公司的執法人員工作，他們正與公司內部的審計團隊一起，對有關富士康一些雇員收受供應鏈合作夥伴賄賂的指控展開調查。該公司再對自身政策和作法進行全面評估，以找到能進一步防範這類事件的更有力措施。董事長郭台銘對本案已經指示，將嚴查舞弊人員及原因，並檢討相關措施，不容

許相關事件再度發生。隨著索賄事件的出現，鴻海的管理困境再度浮現。鴻海正在向中國以外的地區擴張，在巴西、墨西哥、土耳其進行了投資，並表示正在規劃印尼和馬來西亞的項目。最近鴻海證實，富士康考慮進一步在美國擴張。遍及全世界的工廠，給鴻海的管理提出了新的挑戰。

資料來源

　　法治週末，富士康：銹爛的供應鏈，萬聯網，2014年2月7日。

個案情境說明

> **富士康在2012年由供應商檢舉公司存在嚴重採購弊端**
>
> **採購工作由SMT決策高層關說採購案**
>
> | | | |
> |---|---|---|
> | 郭台銘對採購主管道德要求嚴格，主動送請檢調單位調查。 | SMT每年採購金額高達數百億人民幣。 | 富士康正對自身政策與作法進行全面評估，以找到防範此事的有力措施。 |

 動動腦

◎請您簡單說明富士康在採購管理方面出現哪些問題，才會造成此項弊端？試論之。

◎富士康在採購管理方面出現嚴重的問題，請您從採購管理的學理，提出該公司應如何調整原有的作法。

Unit 2-21
個案　新加坡普洛斯創新物流地產經營模式

新加坡普洛斯公司是世界最大的物流地產商，在中國擁有2000多萬平方公尺倉庫，在日本與巴西都擁有龐大地產倉庫，採用創新的物流地產經營模式。隨著中國內地經濟的快速發展，大量增加區域間物流活動，同時對物流服務的網路化要求更為提高。尤其是電子商務發展，產生中間型物流和配送服務的巨大市場。然而中國現有倉儲設施70%以上興建於1990年代之前，不僅建設條件簡陋，車輛進入不易，無法保障貨品安全，且部分倉儲設施由一般工廠改造，淨高度不足，缺乏裝卸臺、辦公區域等，造成營運效率過低。也就是現代物流設施供應十分缺乏，成為現代物流發展的瓶頸。

新零售物流網路趨勢係採「集中倉儲+快速中轉配送」的作法，因此普洛斯公司根據客戶需求，逐步建立物流設施網路，將投資重點分為三個階段進行：第一階段是2003-2005年，中國隨著生產和出口快速成長，跨國公司在華投資活躍，且對物流設施要求高；為滿足生產以及進出口物流需求，普洛斯公司進入最發達地區，建立普洛斯蘇州物流園區、普洛斯臨港物流園區等。

隨著沿海地區收入增加，消費配送需求快速發展，沿海發達地區生產和出口繼續增加，國內物流企業／製造商需求逐步顯現，注重消費配送的需求增長，在發達地區擴展市場占有率，作為在中國發展的第二階段（2006-2008年）。此時普洛斯公司開始注重開發國內客戶市場，建立北京空港物流園區、杭州經開區物流園區等。2009年之後，中國消費快速增加，產業轉移帶動內地經濟發展，客戶網路擴展到更多區域。普洛斯公司開始以一級物流樞紐的消費配送市場為核心，透過客戶進入具潛力的內地物流樞紐，建立上海松江物流園區、成都高新物流園區等。且與許多領導企業進一步合作，運用鐵路運輸網路和公路運輸網路的整合，發揮鐵路幹線的優勢，建立「多式聯運新模式」，打造出「公路港+物流園區」的物流整合樞紐，並與海爾公司建構家電產業物流園區等。普洛斯公司以產業資源整合平臺的角色，滿足地方政府、終端客戶、物流企業的需求。

資料來源

物流技術與戰略雜誌社，2015現代物流高峰論壇。

個案情境說明

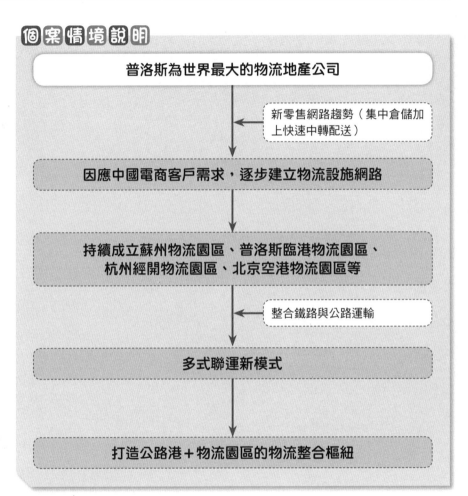

普洛斯為世界最大的物流地產公司

↓ ← 新零售網路趨勢（集中倉儲加上快速中轉配送）

因應中國電商客戶需求，逐步建立物流設施網路

↓

持續成立蘇州物流園區、普洛斯臨港物流園區、杭州經開物流園區、北京空港物流園區等

↓ ← 整合鐵路與公路運輸

多式聯運新模式

↓

打造公路港＋物流園區的物流整合樞紐

動動腦

◎新加坡普洛斯公司隨中國發展需求不斷調整其經營模式，請簡略加以介紹其最大特色。

第 **3** 章

倉儲管理

●●●●●●●●●●●●●●●●●●●●●●●●●●●●● 章節體系架構 ▼

Unit 3-1　個案　IKEA的庫存管理與物流設備

Unit 3-2　倉儲系統化規劃──計畫準備與設計 Part I

Unit 3-3　倉儲系統化規劃──計畫準備與設計 Part II

Unit 3-4　倉儲系統化規劃──方案評估與細部規劃

Unit 3-5　倉庫管理──倉庫型態與地點選擇

Unit 3-6　倉庫管理──倉庫設計與自動倉儲系統 Part I

Unit 3-7　倉庫管理──倉庫設計與自動倉儲系統 Part II

Unit 3-8　倉儲設備管理──儲存設備

Unit 3-9　倉儲設備管理──輸送設備

Unit 3-10　倉儲設備管理──搬運設備

Unit 3-11　儲位管理──基本概念

Unit 3-12　儲位管理──儲位工作分析

Unit 3-13　儲位管理──儲區空間設計與儲放設備選擇

Unit 3-14　儲位管理──儲位編碼與儲位指派

Unit 3-15　搬運管理

Unit 3-16　揀貨管理──揀貨作業概念

Unit 3-17　揀貨管理──規劃與改善

Unit 3-18　包裝

Unit 3-19　個案　Boxbee創新性儲存物流公司

Unit 3-20　個案　小型服裝企業物流倉儲管理

Unit 3-21　個案　一座總倉是管理供應鏈庫存的鑰匙

Unit **3-1**
個案　IKEA的庫存管理與物流設備

1.庫存管理：讓消費者「伸手可及」

在庫存管理上，IKEA從過去的錯誤經驗獲得許多改善想法，例如：IKEA在2011年剛開始推動電子商務時，可讓消費者看到庫存資料，消費者看到喜歡的家具仍有庫存時，可能會花個2-3小時開車到門市現場把喜愛的家具買回家。但是消費者卻可能會失望，因為這些家具並非擺放在消費者伸手可及的儲位，而是放在比較高的補貨式儲位區；根據IKEA安全政策，又禁止消費者直接操作店內堆高機將商品搬下來，因此消費者雖然看到商品庫存，但是到店後卻又無法購得。

為解決這個問題，IKEA將庫存資料修正為消費者「伸手可及」的庫存，而不是店內的總庫存，並且提供未來四天內預計的庫存數量供消費者參考，因此消費者有了這些資訊，可以規劃自己方便的時間到IKEA門市選購。

除此之外，IKEA資訊系統在平常日（週一到週五）是每隔90分鐘更新一次最新的庫存狀況；但是節日及假日時，庫存的更新頻率提高到每45分鐘一次，而且庫存更新的資料來源不僅有各店的POS系統，還包括店內服務人員例行巡場時，如發現某個商品有破損或是瑕疵，立刻就可透過隨身佩帶的手持系統進行庫存扣除，以避免消費者買到瑕疵商品。

2.物流設備更新：注重自動化建設與材料迴圈利用

2011年IKEA在美國東岸喬治亞州沙灣納港設立了一座75萬平方英尺的自動化物流中心，這個自動化物流中心除支持美國本土的IKEA門市需求，還肩負全球門市的商品調度。除具備先進的自動倉儲系統，可以每分鐘存取一個棧板外；最特別的是設置電動堆高機的快速充電系統，IKEA運用快速充電系統便可無需購買太多堆高機，並降低了作業人員的工時浪費。

在IKEA的9500多種產品中，有50%的原料是使用木材或是木質纖維，因為它可以被回收、重新加工使用，符合環保要求。除了木頭外，有些IKEA的桌子是使用回收塑膠所製，小地毯則是使用布類加工的下腳料做出來的。

資料來源

物流技術與戰略雜誌社官方網站（https://www.logisticnet.com.tw），2015年2月1日。

個案情境說明

庫存管理是讓消費者「伸手可及」	物流設備更新：注重自動化建設與材料迴圈利用
↓	↓
消費者在電子商務系統上可看到庫存資料	在美國喬治亞州沙灣納港成立一座自動化物流中心
↓	↓
不是店內總庫存，而是消費者想要之產品四天內的庫存	除支援全美的門市需求外，亦負責全球門市的商品調度
↓	↓
IKEA資訊系統亦時常更新庫存資料	同時考量材料迴圈利用，如木材部分

 動動腦

◎您認為IKEA的庫存管理與消費者之間建立一套連結系統，有何代表意義？

Unit **3-2**
倉儲系統化規劃——計畫準備與設計
Part I

倉儲系統計畫擬定之前，必須要有一些前置作業，除了企業內部必須成立一個專案小組外，也必須在進入規劃前做一些準備，然後才能開始設計。

一、進入規劃前之準備

(一) 基本資料之蒐集：一般可分為對現有資料與未來規劃之基本資料的蒐集及分析兩大項，茲說明如右。

(二) 物流系統策略之制定：系統在規劃前必須將其策略目標予以確定。物流系統策略之制定依企業的經營理念等條件會有所不同，但至少應做到包括通路架構策略、位置網路策略、系統整合策略，以及顧客服務品質策略等四項。

(三) 訂定物流計畫目標：在物流策略制定後，接著便須訂定物流計畫目標，一般包括降低物流成本、提高配送效率、提高倉儲設備效率、增加訂單處理能力、增加物流人員的工作效率、提高顧客服務品質、降低作業錯誤率、設法掌握相關物流資訊。

二、倉儲系統規劃設計

(一) 基本規劃資料之分析

1.定量化資料，包括物品特性分析、品項及數量分析、需求預測、運配數量分析、運輸工具分析、基本儲運單元分析。

2.定性化資料，包括人力需求分析、作業時程分析、作業流程分析、作業功能分析、事務流程分析、顧客服務品質分析、自動化水準分析、人力素質分析。

(二) 規劃條件設定

1.基本儲運單位之規劃：基本儲運單之單元負載單位在於使儲運單位易於量化及轉換，並使不同階段的裝載單位逐一確認。

2.基本運轉能量之規劃：進出貨區、倉儲區、揀貨區之基本運轉能量的估計及規劃，除考量基本作業需求量外，尚須配合作業彈性及未來成長趨勢。

3.自動化程度之規劃：配合自動化程度之分析、作業時數的分析及基本運轉能量的規劃，企業應以合理化分析及改善後效益，作為導入自動化程度之選擇。

(三)作業需求功能規劃

1.作業流程規劃。

2.作業區域之需求功能規劃：一般物流作業區大致可包括一般物流作業區域、物流配合作業區域、退貨物流作業區域、換貨及補貨作業區域、倉儲管理作業區域、廠房使用配合作業區域、辦公事務區域、電腦作業區域、勞務性質活動區域、廠區相關活動區域。

3.作業需求能量的規劃：根據所需之作業區域，配合各區域之功能及需求運轉能量，將可完成各作業區域的基本需求規劃。由於應考量之內容非常複雜，請讀者進一步參考更專業的相關書籍。

倉儲系統化規劃之籌劃與準備

計畫之籌劃與準備

1.計畫開始
①企業內部必須成立一個專案小組,其成員可由企劃、物流等部門人員組成。
②擬定計畫的型態
★企業內部臨時任務組織　★物流專家參與專案　★委託物流設備業者辦理
★委託工程技術顧問公司辦理　★與國外具經驗業者合作

2.基本資料之蒐集
①現有資料之蒐集及分析
包括財務報告中相關之基本營運資料、訂單資料、銷售資料、商品資料、商品特性資料、作業流程、事務流程及使用單據、人力與作業工時資料、物流搬運資料、廠房設施資料、配送據點與分布、物流組織架構。
②未來規劃時之基本資料
包括企業之物流策略、物流系統中長程發展計畫、未來企業產品之銷售預測、產品項目之發展趨勢、作業實施限制及範圍、預算金額、推動時程、未來物流人力需求、未來物流工作時數、未來擴充的可能性。

3.物流系統策略之制定
①通路架構策略　②位置網路策略
③系統整合策略　④顧客服務品質策略

4.訂定物流計畫目標

倉儲系統規劃設計

1.基本規劃資料之分析
①定量化資料
②定性化資料

2.規劃條件之設定
①基本儲運單位之規劃
②基本運轉能量之規劃
③自動化程度之規劃

3.作業需求功能規劃
①作業流程規劃
②作業區域之需求功能規劃
③作業需求能量的規劃
⋮

4.設備需求規劃與選擇

5.資訊系統之規劃

6.區域布置規劃

Unit **3-3**
倉儲系統化規劃──計畫準備與設計 Part II

前文說明進入規劃前的準備與目標擬定後,一連串的規劃設計即能開始運作。

二、倉儲系統規劃設計(續)

(四) 設備需求規劃與選擇

1.物流作業區域設備,包括容器設施、儲存設備、訂單揀取設備、搬運設備、物流周邊配合設備。

2.物流作業區域輔助設施,包括辦公設施、電腦與電腦周邊設施、勞務設施(如休息室等)。

3.廠房建築周邊設施,包括水電、消防安全等相關設施。

(五) 資訊系統之規劃

1.物流資訊系統架構:一般包括採購進貨管理系統、銷貨出貨管理系統、庫存儲位管理系統、財務會計系統、營運績效管理系統、決策交換系統等功能。

2.物流資訊系統架構之建立,包括物流資訊系統關聯圖、資訊控制系統架構圖、資訊網路系統架構圖。

(六) 區域布置規劃

1.區域布置規劃之階段,包括第一階段物流作業區域之布置、第二階段廠房作業區域之布置,以及第三階段廠區布置。

2.區域布置規劃之程序

(1)活動關聯分析:不同作業區域有不同活動關係存在,包括程序性關係(因物流及資訊流形成的關係)、功能性關係(區域間因功能需求形成的關係)、組織上關係(部門組織間形成的關係)、環境上關係(因操作環境、安全問題所需保持之關係)。

(2)作業空間規劃:包括通道空間之布置規劃,以及進出貨區的作業空間規劃兩大項,茲說明如右。

(3)倉儲區作業空間規劃:影響倉儲作業空間規劃之因素,包括貨品尺寸及數量、使用之機械設備、棧板尺寸與料架空間、廊道寬度與位置及需求空間、建築尺寸與形式、進出貨及搬運位置、補貨或服務設施的位置(防火牆、排水口等)、作業原則。

(4)揀貨區的作業空間規劃:常採用的布置模式,包括儲存與揀貨區共用棧板料架之箱揀取模式、儲存與揀貨區共同之零星揀貨模式(含流動欄架的揀貨模式、一般料架的揀貨模式、利用積層式料架之作業模式)、儲存與揀貨區分開之零星揀貨模式、U型多種少量揀貨/補貨模式、分段揀取的少量揀貨模式。

(5)集貨區的作業空間規劃:集貨區格位之設計以地面堆放為主,且須配合出貨裝載的順序性及動線流暢性。

(6)行政勞動區之空間規劃,包括辦公室、檔案室、休息室、司機休息室等。

(7)廠區作業空間規劃,包括出入大門、貨車停車場、運輸車輛迴車空間等。

倉儲系統化規劃之籌劃與準備

倉儲系統規劃設計 → **1.基本規劃資料之分析** → **2.規劃條件之設定**

3.作業需求功能規劃

①作業流程規劃　　②作業區域之需求功能規劃　　③作業需求能量的規劃

以裝卸貨平臺及庫存區為例，說明如下：

❶裝卸貨平臺之作業需求能量規劃重點，包括進出貨物是否共用平臺、進出貨物是否相鄰、裝卸貨車輛形式、物品裝載特性、每車裝卸貨所需時間、裝卸車輛進出頻率、有無裝卸貨物配合設施、供貨廠商數量、配送客戶數量、進貨時段、配送時段、裝卸車輛迴車空間。

❷庫存區之作業需求能量規劃重點，包括最大庫存量、貨品特性基本資料、產品品項、儲區劃分原則、儲位指派原則、存貨管理方法、自動化程度需求、儲存環境需求、物品週轉效率、盤點作業方式、產品使用期限、未來需求變動趨勢。

4.設備需求規劃與選擇

①物流作業區域設備
②物流作業區域輔助設施
③廠房建築周邊設施

5.資訊系統之規劃

①物流資訊系統架構
②物流資訊系統架構之建立

6.區域布置規劃

①區域布置規劃之階段　　②區域布置規劃之程序

❶活動關聯分析

❷作業空間規劃

❷-1通道空間之布置規劃
　影響通道位置之寬度之因素，包括通道形式、搬運設備尺寸與型態、儲存貨品之尺寸、行列空間、防火牆的位置、儲存批量尺寸、與進出口及裝卸區的距離、地板負載能量、服務區及設備的位置、雲梯及斜道位置、出入簡易的考慮。

❷-2進出貨區的作業空間規劃
　包括進出貨平臺、進出貨碼頭配置形式、碼頭設計形式的選擇、月臺數計算。

③倉儲區作業空間規劃　→　④揀貨區的作業空間規劃

⑥行政勞動區之空間規劃　←　⑤集貨區的作業空間規劃

⑦廠區作業空間規劃

Unit 3-4
倉儲系統化規劃──方案評估與細部規劃

規劃方案經過各種面向的評估與選擇而確定之後,即進入細部規劃的設計。

一、方案評估與選擇

常見之評估方法,包括優缺點列舉法、因素分析法、點評估法、權值分析法、成本比較法、AHP為基礎之方案評估法。而在評估項目方面,則包括土地面積、人力成本、倉庫建築、能源耗用性、機器設備成本、自動化程度、設備維護保養、設備可靠度、人力素質需求、人員安全性、儲位運用彈性、系統作業彈性、系統擴充性。

二、細部規劃設計

(一) 物流設備規格設計

1.設計步驟,包括完成單元負載單位規格設計、倉儲設備規格設計、區域內通道之規劃、各區域面積初步配置、周邊設施規格設計、設備面積與實際方位之配置、實體限制的調整、物料搬運設備之規格設計、物流與周邊設施的整合規劃設計。

2.倉儲系統設計原則,包括單元負載原則、簡單化原則、標準化原則、搬運距離原則、機械化原則、合併原則、人因原則、及時化原則、空間利用原則、彈性原則、安全原則、能源原則、資訊化原則、系統流程原則、空間運用原則、成本原則、維護原則、汰舊原則。

3.物流設備設計原則:包括單位容器使用與搬運設備使用兩種設計原則。

(二) 周邊設施規格設計:周邊設施規格設計時應注意的部分,包括顏色及採光、工作安全、溫溼度調節、倉庫開關設計、支柱設計。

(三) 細部布置規劃:包含有1.設備面積與實際方位之配置;2.實體限制之調整項目,包括倉庫條件與環境、廠區通道、廠房特性、作業管制程序、法令限制項目,以及3.物流與周邊設施之整合規劃設計,包括電力需求及電控箱配置圖、供水排水需求配置圖、照明需求配置圖、壓縮空調配置圖、消防需求配置圖、空調需求配置圖、其他設備配置圖。

(四) 事務流程及表單系統設計:旨在明確作業與各單位間的關係與執行順序。

(五) 資訊系統細部設計:包括系統與程式設計、硬體設備與資訊網路介面設計。

(六) 作業規範及人力需求規劃:包括作業時程之安排、作業規範之訂定、人力配置計畫之擬定。

(七) 布置計畫及評估及驗證:在方案評估方面,藉由倉庫布置計畫之評估,以瞭解倉庫各項布置規劃能否因應各種條件之要求,由於須評估的項目太多,僅以設備部分舉例如右,以供參考。而在方案驗證方面,執行步驟包括系統定義、模式建構、模式編譯與執行、模式確認與驗證、模式的測試、評估分析。

(八) 成本效益評估　　　　　　(九) 計畫執行

倉儲系統化規劃之方案評估與細部規劃

| 方案評估與選擇 | = | 評估方法 | + | 評估項目 |

細部規劃設計

1.物流設備規格設計

2.周邊設施規格設計

3.細部規劃設計

①設備面積與實際方位之配置
②實體限制之調整
③物流與周邊設施之整合規劃
　設計

4.事務流程及表單系統設計

5.資訊系統細部設計

6.作業規範及人力需求規劃

7.布置計畫之評估及驗證

8.成本效益評估

①期初投資成本分析
→包括土地成本、土地改良與房
　屋建築成本、機設成本、開辦
　費用、營運期間投資費用。
②營運期間之成本分析
→包括直接人事費用、固定銷管
　費用、變動間接費用、固定間
　接費用、變動銷管費用、建築
　物折舊、設備折舊、保險費、
　房屋稅、營利事業所得稅。
③財務可行性分析
→包括資金來源、資金調度。
④投資效益分析
→包括內部報酬分析、投資回收
　年限、現值法。
⑤風險評估
→包括SWOT分析、工程可行
　性、環境接受性、不確定分
　析。

①設計步驟
②倉儲系統設計原則
③物流設備設計原則
　❶單位容器使用之設計原則
　→包括共同的標準容器、容器大小須配合貨運卡
　　車之限制、設計適用於自動搬運之容器、增加
　　單位搬運容量、容器回收流通使用程序及回流
　　成本、外包裝設計應防止物品受損、可摺疊或
　　易於堆疊之容器。
　❷搬運設備使用之設計原則
　→包括應配合容器及整體搬運系統來選擇各項設
　　備、考慮具安全防衛之設備、定期性的保養與
　　維護各項設備、儘量節省空間的使用、物料搬
　　運與生產進度配合。

①方案之評估
　❶設備能力
　→包括保管量、分類能力、揀取能力、搬運能
　　力、裝載出貨能力、起重機能力、暫時儲存與
　　放置能力、同時處理進出貨車輛作業能力。
　❷設備維修保養
　→包括廠商服務據點、服務人員素質、到場服務
　　時效、保養項目及保養週期、備用品與零件需
　　求。
　❸設備故障之排除
　→包括替代設備之彈性、人工替代作業之彈性、
　　設備可靠度之規劃、資訊儲存及保管之規劃、
　　替代設備與不斷電系統規劃、即時處理與批次
　　處理的運用。
②方案驗證
　目前用於倉庫電腦模擬之軟體程式，包括Auto
　Mod II、Pro Model、Witness等，其中後兩
　者均可在PC上使用。

9.計畫執行

完成上述各項工作後，即進入計畫執行部分，企業
須注意在執行此計畫過程中，應不斷依實際狀況加
以修正。

Unit **3-5**
倉庫管理——倉庫型態與地點選擇

談到倉庫管理，首要介紹的是倉庫有哪些型態，以及地點如何選擇，才能符合營運上的經濟效益。

一、倉庫型態

(一) 儲存式倉庫：係物流業者為因應客戶較長期性貨物儲存所需而設立之倉儲。通常客戶有季節性、政策性的需求時，常會利用此種形式的倉庫。由於儲放時間長，因此相對此種倉庫的使用面積較大，而其費用亦會較多。

(二) 物料搬運式倉庫：物料搬運倉庫所儲存的貨品時間較短，其流動性較高。它又可區分為兩種型態，一種係為配合市場需要而設立之倉庫，它將大量運送至倉庫的物品或產品依客戶訂單之要求，分別送至不同個別顧客，所以被稱之為分配倉庫（distribution warehouses）；另一種倉庫是農產品較常使用的集合倉庫（assembly warehouses）。

(三) 組合式倉庫：通常物流業者少有為單一客戶服務，故為符合不同客戶之需求，自必須同時設置上述所提的兩種型態的倉庫，所以將之稱為組合式倉庫。

二、倉庫地點之選擇

倉庫地點之選擇對於物流業者的營運具有絕對的影響力，地點選擇錯誤可能無法找到客戶，或雖有客戶但卻必須多支付運輸成本。

(一) 物品的特性：儲存物品的特性不僅直接影響倉庫的型態，而且與倉庫地點的選擇有極大的關係。雖然目前倉庫已多為綜合性的倉庫型態，但是基本上，物流業者服務客戶的性質亦不應過於複雜；以免因設備的複雜，而造成管理的困難，且增加設備成本。

(二) 與市場的距離：任何倉庫之目的均在於使物品儲存之後，能有效地將物品運至顧客，因此愈接近市場其運輸成本愈低；然而接近市場的土地可能相形昂貴，兩者間之取捨必須加以評估。

(三) 倉庫使用土地的成本：倉庫使用土地的成本過高，將增加業者的營運成本；不過它與市場距離之考量，則衡諸運輸成本與土地使用成本兩者何者為高，另須考慮服務顧客的效率性。

(四) 與機場（碼頭、火車站）之距離：當物流業者之倉庫離機場、碼頭、火車站愈近，則愈受客戶歡迎；但相對而言，客戶亦須支付較高的租金。

(五) 基本公共設施：倉庫選擇地點之基本公共設施較佳（例如：道路順暢與平穩），則可降低運輸成本，業者在吸引客戶或運輸問題之考慮均較為有利。

(六) 市場之需求性：當物流業者發現某一地區的倉儲市場頗佳，即使是其他條件略差，仍值得加以考慮。不過依現實環境觀察，市場需求性幾乎與上述各項影響因素具有明顯之互動性。

倉庫型態與地點選擇

倉庫3型態

1.儲存式倉庫

物流業者為因應客戶較長期性貨物儲存所需而設立之倉儲。

+

2.物料搬運式倉庫

搬運時間較短，區分成分配倉庫與集合倉庫兩種型態。

3.組合式倉庫

設置上述所提的兩種型態的倉庫。

總體來說，儲存式倉庫因著重在儲存，所以為提高儲存的空間，增加營運效率，大多採多層式設計。物料搬運式倉庫則以較快速搬運為其主要目的，所以常採單層式設計。目前專業的物流公司已有採取大樓式的設計方式；又依當地土地的多少，可能有採取多層高樓式的儲運建築物；此種物流大樓設計時，必須將貨櫃車可行駛的空間加以估算，目前香港部分物流業者係採用此種型態。

另外一種高樓式的儲運設施，則是在低樓層作為貨櫃車裝卸用地，而貨櫃係透過高樓內部的搬運系統運作，其高樓層部分則為倉庫。新加坡部分物流業者係採此種型態的倉庫。香港及新加坡基於其可用土地的稀少，將倉庫型態採用高樓式，不僅能符合產品轉運及其相關行業的需求，又可節省其土地成本。

倉庫地點之選擇

1.物品特性

2.與市場的距離

3.倉庫使用土地之成本

4.與機場（碼頭、火車站）之距離

5.基本公共設施

6.市場之需求性

Unit **3-6**

倉庫管理──倉庫設計與自動倉儲系統 Part I

倉庫之設計對倉庫運作的效率具有很大的影響，因此如何使倉庫之設計發揮倉儲之最大效率，這是物流業者應慎重考慮的問題。而自動倉儲系統也是物流業者在營運上不能不加以投資的設備，它與物流資訊系統緊密地相連結在一起。

一、倉庫設計

(一) 倉庫設計原則

1.儘量使用自動化設備操作：除大宗物資外，目前各種倉庫儲存之種類均非常複雜，即使是性質相似的物品，亦須放置不同的位置；若過分依賴人力處理，不僅容易發生錯誤，而且無形中增加許多人力成本。

2.物品搬運過程應採直線作業：物品從入倉至放妥位置及從存放位置至出倉，此過程若不能順暢，將浪費作業時間，且影響對客戶的服務品質（因為時效不佳）。因此直線作業之動線應事先妥善安排，進出倉庫頻率愈高的物品應最接近進出口處。

3.倉庫空間使用之有效性：倉庫空間使用如何能達到最有效率呢？第一，倉庫內之走道應儘量縮小，以適當供搬運機具或人員進出合宜者為最佳。第二，倉庫的使用高度應力求最高化，也就是倉庫愈高，則可放置之物品愈多。

(二) 倉庫設計之考量因素

1.物品進出之時間差距：物品進出倉庫的時間中，以搬運物品至貨架的時間為最多，因此放置時間最短的物品應設計於倉庫進出口處。

2.物品的大小與重量：物品的體積大小與其重量對貨架之設計與布置有直接性的衝擊。第一，貨架設計時，須因應物品之體積大小而有不同的規格。第二，相類似體積的物品應集中於鄰近位置。第三，物品之重量會影響貨架的使用時間。

3.物品的共通性：進出倉庫之物品不盡相同，有時非常複雜，為提高效率，應將性質相似的物品放置一起，以利物品搬運，並避免發生錯誤。

4.物品的特性：儲存之物品必須依其特性，而有不同的設計，例如：部分精密電子零組件須放置於具冷凍設備的倉庫；也就是它在通風、照明、消防、安全等設計上遠較一般倉庫複雜。

二、自動倉儲系統

自動倉儲系統係將物流資訊透過電腦化作業，以大幅減少人為錯誤、提高搬運效率、加快搬運速度等為目的。

(一) 自動化倉儲系統之種類

1.依搬運結構區分：可區分成高層倉儲系統（high-rise warehouse system）、輕負荷倉儲系統（miniload system）、循環旋轉鋼架倉儲系統、高層密集式倉儲系統（high-density system）等四種系統。

倉庫設計與自動倉儲系統

倉庫設計原則

1.採自動化設備操作	2.採直線作業	3.空間使用有效性

倉庫設計考量因素

1.物品進出時間差距	2.物品大小與重量	3.物品共通性	4.物品特性

自動化倉儲系統4種類

1.依搬運結構區分

① 高層倉儲系統（high-rise warehouse system）

→倉庫高度在15至40公尺之間，大部分使用於較大物品的搬運及儲存。

② 輕負荷倉儲系統（miniload system）

→以儲存小型物品為主，一般採用走道外揀選的方式。

③ 循環旋轉鋼架倉儲系統

→此種系統採自動揀選方式。

④ 高層密集式倉儲系統（high-density system）

→此系統通常用於儲存相同物品，可隨時自由進出貨架。

2.依存取物品方式區分

3.以儲存物品特性區分

4.依建築形式區分

Unit **3-7**
倉庫管理──倉庫設計與自動倉儲系統 Part II

自動倉儲系統的最終目標是希望能在節省成本之下，有效達到滿足顧客的需要。

自動倉儲系統包含有各種軟硬體設備，例如：硬體方面有無人倉庫、無人搬運車、自動化傳輸設備、機器人；而軟體方面則有各式的電腦軟體程式及人工的輸出入配合作業。

二、自動倉儲系統（續）

(一) 自動化倉儲系統之種類（續）

2.依存取物品的方式區分：可區分成單位式系統（unit loads system）、揀選式系統（order picking system）、混合式等三種系統。

3.以儲存物品之特性區分：可區分成常溫自動倉庫系統、低溫倉儲系統、防爆型倉儲系統、無塵式之自動倉儲系統等四種。

4.依建築形式區分：可區分成自立式鋼架倉儲系統、一體式鋼架倉儲系統兩種。其中一體式鋼架倉儲系統，一般係指鋼架與建築物結構是一體的，其高度在15公尺以上。

(二) 自動化倉儲系統之設備

1.貨架結構：包括依附式及獨立式兩種，新式的貨架結構大多採獨立式，它是以鋼架為主體，貨架採偶數排為原則。

2.存取機器（storage and retrieval machine）：現代的存取機器大都以下層軌道支撐，而由上層軌道導引的方式。

3.運送設備（transportation cquipment）：現代化的運送設備大都採用無人搬運車，包括光電導引、電磁導引、光線定位方式、金屬導引等四種形式。

4.控制單元：自動倉儲系統之控制單位是整個系統之重心，依自動化的程度，可包括人工自動控制方式、人工遙控方式、智慧型控制方式、電腦程式控制方式。

5.其他附屬設備：包括防火設備、裝填墊板設備、分類設備、檢驗設備等。

(三) 自動倉庫之系統規劃：
自動化倉庫之系統規劃為專業性的工作，除具備各項基本組織外，良好的管理理念、強有力的實務經驗、縝密的思考能力，以及使用者的配合能力等均是其成功的因素。

在實施規劃之前，吾人必須對下列問題予以慎重考慮，如此才能達到最佳的系統規劃，包括標準化及合理化之檢討、倉庫吞吐量／暫存量／庫位需求之決定、物流出入頻率分析、物流週轉量之分析、空間選擇和利用、物流處理區之規劃、月臺／碼頭規劃。

(四) 自動化倉儲作業方式：
自動化倉儲作業大致包括物品點收及裝墊板、檢查作業（檢查體積及重量是否符合規定）、調整作業、倉位貨架安排作業、搬運作業、儲存（取出）作業、庫存資料更新作業等七個工作項目。

自動化倉儲系統4種類

1.依搬運結構區分

2.依存取物品方式區分

① 單位式系統（unit loads system）
→此系統利用墊板、棧板或硬體容器搬運。

② 揀選式系統（order picking system）
→走道內揀選系統係工作人員隨機器進入走道存取物品。

③ 混合式
→綜合單位式系統及揀選式系統之優點。

3.以儲存物品特性區分

4.依建築形式區分

自動化倉儲5大設備

1. 貨架結構

2. 存取機器

3. 運送設備

4. 控制單元

5. 其他附屬設備

自動倉庫系統規劃

＝

1.良好管理理念

＋

2.強有力的實務經驗

＋

3.縝密思考能力

＋

4.使用者配合能力

自動化倉儲作業方式

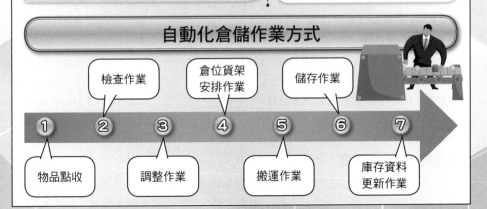

① 物品點收

② 檢查作業

③ 調整作業

④ 倉位貨架安排作業

⑤ 搬運作業

⑥ 儲存作業

⑦ 庫存資料更新作業

Unit **3-8**
倉儲設備管理──儲存設備

儲存設備因物品之外形、體積、重量、包裝等條件不盡相同,故儲存方式也不相同。儲存設備以儲存單位分類,一般分為棧板、容器、單品及其他四大類,本文以最重要的棧板說明之。

一、儲存設備種類

(一) 棧板料架(pallet rack):棧板料架目前是最普遍的一種料架。

(二) 倍深式棧板料架(double deep pallet rack):與一般棧板料架具有相同基本架構,只是將兩座棧板料架組合,以增加更多空間,但是將影響其存取效率。

(三) 駛入式料架(drive-in rack):此方式係將堆高機從裡層的位置開始存放至最前面的位置。其儲存密度好,但存放性質受到限制。

(四) 駛出式料架(drive-through rack):其使用組件與駛入式料架具相同特性,但其末端沒有受支撐桿封閉,故前後均可安排存取通道。

(五) 流動式料架(flow rack):流動式料架分為棧板用與容器用兩種,其負載置放於滾輪上,利用重力使貨品朝出口方向向下滑動。

(六) 移動式料架(movable rack):又稱為動力式料架,利用軌道水平、直線方式移動,每列料架的底部均附有馬達驅動裝置,可密集相接配置。

(七) 後推式料架(push back rack):利用在前後梁間以多層滑座重疊相連接,由前方將疊棧貨品置於滑座上推入。取貨時,則由前方直接取走,後面滑座自動再滑入前方入口。

(八) 輕型料架(light-medium duty adjustable rack):其設計與棧板料架相同,但結構輕量化,以儲存體積小、重量輕之物品,可分為輕、中、重量三型。

(九) 旋轉式料架(rotary rack):旋轉式料架結合自動倉儲與料架功能,操作容易,存取作業快速,適用於電子零件、精密機件。

(十) 積層式料架(mezzanine rack):積層式料架係將空間以兩層以上之活用方式進行設計組合,即是以鋼梁和金屬板將儲區作樓層區隔,每層放置不同種類的料架。

(十一) 可攜帶堆疊式料架(carry-stack rack):此料架可供儲放容器,且隨堆高機搬運,不使用時,更可疊放節省放置空間。

(十二) 懸臂式料架(cantilever rack):懸臂式料架是在立柱上裝設外懸桿臂構成,適合放置鋼管、型鋼等長形物品。

(十三) 立體自動倉儲(AS/AR):立體自動倉儲(automatic storage and retrieval system, AS/AR)依負載能力,區分為單元負載式(unit load)及輕負載式(mini load)。

二、儲存設備之選擇

企業在選擇儲存設備時,大都基於經濟及效率的角度來評估,進而決定採用哪種型態,最常考量的因素包括物品特性、搬運設備、廠房架構、出入庫量、存取性等。

儲存設備之種類及選擇

1. 棧板料架：一般依其存取通道的寬度，區分為傳統式通道、窄道式通道及超窄式通道，適合ABC分類管理之B、C級商品。
2. 倍深式棧板料架
3. 駛入式料架：其縱深以3～5列最為理想，適合少樣多量的產品。
4. 駛出式料架
5. 流動式料架：棧板流動式料架適用於少樣多量使用，容器流動式料架則適用於少量多樣的方式。

   國內以①及②為轉架統稱。
6. 移動式料架　　7. 後推式料架
8. 輕型料架：①輕量型：負荷量75～100公斤；②中量型：負荷量200～300公斤；③重量型：負荷量1,000～5,000公斤。 **歸於棧板料架。**
9. 旋轉式料架：一般分為水平旋轉式料架及垂直旋轉式料架兩種。
10. 積層式料架　　11. 可攜帶堆疊式料架　　12. 懸臂式料架
13. 立體自動倉儲
    ① 單元負載式自動倉儲：高度達40公尺，儲位量可達10萬餘個棧板，適用大型倉庫。存取機依控制自動化的程度，可分為全自動、半自動及手動三種，其結構係包括控制系統、存取、操控、走行、捲場等五大裝置組成。其出入庫之配置方式包括單向式、複合行程式、側入式、移轉車式。
    ② 輕負載式自動倉儲：以塑膠籃容器為存取單位，重量在50至100公斤，適合使用於電子零組件、藥品、化妝品等。

儲存設備13種類

第三章　倉儲管理

儲存設備選擇6步驟

1. 儲存系統分析規劃	包括EIQ分析（entry of order, item, quantity，接受訂單、品項、數量）、ABC管理分類法。
2. 儲存設備形式選定	包括貨品特性、存取性、廠房架構、搬運設備、出入庫數量。
3. 基本設計	包括儲位數、通道寬度、系統長度、系統高度、系統寬度。
4. 配置	包括出入庫位置、物料動線。
5. 評估	包括作業效率、商品管理、空間效率。
6. 實施	即選定合作廠商。

儲存設備考量5因素

① 物品特性→包括重量、尺寸大小、儲位數、儲存單位。
② 搬運設備→包括配重式、跨立式、通道寬度、舉升高度、舉升重量、旋轉半徑。
③ 廠房架構→包括梁柱位置、可使用高度、地板狀況、防火設施。
④ 出入庫量→包括存取頻率、存取數量、先進先出。
⑤ 存取性→包括儲位管理、儲存密度、先進先出。

Unit **3-9**
倉儲設備管理──輸送設備

在倉庫最常見到的輸送機為單元負載式輸送機及立體輸送機,這些輸送機主要用在固定路線之輸送,其機型的選擇係根據產品特性及對系統的需求程度。在不同分類方式有不同機型,在此介紹一些最常見的機型,供讀者參考。

一、輸送設備之種類

(一) 重力輸送機(gravity conveyor):重力輸送機具有成本低廉,且容易安裝的特性,但是卻受重量的限制。其種類可分為重力式滾輪輸送機、重力式滾珠輸送機、重力式滾筒輸送機三種,茲說明如右。

(二) 動力輸送機:動力輸送機與重力輸送機之選擇均是以物品之特性及系統之應用作為決定之參考,一般規則物品如紙箱係使用鏈條輸送機或滾筒輸送機;較精密物品之輸送則使用皮帶式輸送機;較重物品使用動力滾筒輸送機;分類時亦使用動力滾筒輸送機。動力輸送機一般可分成動力式滾筒輸送機(live-roller)與動力式鏈條輸送機兩種。前者運用範圍較廣,後者則逐漸為滾動式鏈條輸送機所取代。

(三) 儲積輸送機(accumulation conveyor):儲積輸送機大致區分為一般型及零擠型兩大類。一般型儲積輸送機應用廣泛,但不能使用於主輸送線或物品移動在某一速度內完成動作的情況。而零擠型儲積輸送機的大部分製造商均有獨特的設計,主要是以間歇方式,停止部分區段之輸送機動力,以避免後方物品擠壓前方物品。

(四) 皮帶輸送機:皮帶輸送機為水平輸送機中最符合經濟效益的機型,不過它亦可使用於坡度的輸送。皮帶支撐形式分為滑板式及滾筒式,一般以滾筒式之輸送能力較大,且負載能力亦大。皮帶輸送機應可使用於不同坡度的輸送工作。

(五) 分類輸送機:分類輸送機係將物品依指定順序送至辨識區域,經適當辨識後,再送入分類機構,控制器根據資訊給予分類。因此最主要關鍵只在分流機構。目前分流機構已推出推檔式、導引式、滑塊式、斜皮帶式、傾倒式、臺車式等類型。

(六) 立體輸送機:立體輸送機係使用於不同層樓的物品輸送,一般可區分為螺旋式、地軌式、懸吊式及升降式四大類,茲說明如右。

二、輸送機選用之考量因素

企業在選擇輸送設備時,最常考量的因素包括物品特性、作業條件、輸送設備之維護性、環境條件、系統之相容性及擴充性等。

在物品特性方面,包括物品重量、物品大小尺寸、物品表面特性(軟或硬)、包裝方式、重心、處理速度。

在作業條件方面,包括輸送物品之特性、所需輸送能力(速度、包裝物)、所需輸送情形(輸送距離、輸送狀態、輸送空間、輸送環境溫度、溼度)、輸送目的(生產線、成品堆積情形、倉庫物料儲運、現場原料運送)、其他附帶條件(機件形式、電源電壓規格、交貨地點、交貨期限等)。

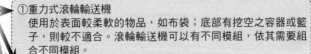

輸送設備之種類及考量

1.重力輸送機	**①重力式滾輪輸送機** 使用於表面較柔軟的物品,如布袋;底部有挖空之容器或籃子,則較不適合。滾輪輸送機可以有不同模組,依其需要組合不同模組。
	②重力式滾珠輸送機 此類輸送機是在一床臺上設有自由任意方式轉動的萬向滾珠,一般用於表面較硬物品之輸送。
	③重力式滾筒輸送機 此類輸送機適用於容器、塑膠籃、桶形等,但因其重量較重,並不適於常移動或拆裝重組。
2.動力輸送機	**①動力式滾筒輸送機** 此類型之送機運用範圍較廣,不但可用於合流、分歧及較重之負載外,亦可廣泛使用油汙、潮濕及高低溫的環境。
3.儲積輸送機	**②動力式鏈條輸送機** 此類型輸送機可用來輸送棧板、塑膠箱,也可利用拖板承載其他形狀物,逐漸為滾動式鏈條輸送機所取代。
4.皮帶輸送機	坡度大小、物品形狀、皮帶材質、皮帶形式、皮帶表面的條件等因素將決定不同的設計。
5.分類輸送機	**①螺旋滑槽式垂直輸送機** 此機型係利用重力及螺旋傾斜下滑能力,將塑膠容器物品平穩送至下一層。因沒有驅動裝置,故無法向上輸送。
6.立體輸送機	**②地軌輸送機** 它常使用於不同樓層間之搬運臺車之牽引輸送。
	③懸吊式輸送機 它是以單軌條或複軌條安裝可吊物品之吊運車,並以鏈輪驅動鏈條,使吊運車循環輸送物品,其速度約為每秒20公尺,一般以人力可搬運為原則(即50公斤以下)。
	④垂直升降輸送機 此方式最適合用於各層樓的輸送機間的垂直連接,且可充分利用廠房空間。

輸送設備 6 種類

輸送機選用考量5因素

1.輸送物品的特性	例如:物品因健康、安全因素必須隔離時,則輸送設備之選擇及設計必須有所考量。
2.作業條件	
3.輸送設備之維護性	因為不同輸送設備之整合對於輸送效率及正確性有很大影響,因此為簡化系統之架構及日後擴充的可能性,對控制系統之複雜度、資訊處理方式、系統資訊之功能,均應列為選購輸送機時之考量因素。
4.環境條件	
5.系統之相容性及擴充性	

Unit **3-10**
倉儲設備管理──搬運設備

　　搬運設備以搬運車輛為主，大致分為兩大類，一是重負載較長距離搬運之堆高機系列，另一是輕負載短距離之手推車系列。

一、搬運設備之類型

　　(一) 步行式車輛：步行式車輛分為低舉升（又含人力拖板車、電動拖板車）、高舉升（又含配重式堆高機、跨立式堆高機、直達式堆高機）。步行式搬運車輛的操作速度較慢，約在每小時5公里以下，而其單向搬運距離也全在100公尺之內。

　　(二) 坐立式堆高機：坐立式堆高機用於搬運距離較長、負載較重及舉升較高的場合。負載能力及通道寬度是選擇坐立式堆高機的主要考量因素。其種類包括配重式堆高機、跨立式堆高機（straddle truck）、直達式堆高機（reach truck）、轉叉式堆高機（turret truck）、轉柱式堆高機（swing-mast truck）、倍深直達式堆高機（double deep reach truck）、側載式堆高機（side-loading truck）、揀取轉叉式堆高機（man-up turret truck）、合成車（hybrid vehicles）九種類型。

　　(三) 手推車：手推車的設計主要著眼於輕便，使用場合很廣泛，除倉庫外，工廠、物流中心、貨運站等之短程搬運，均經常被使用。大致可區分種類如下：

　　1.二輪手推車：一般分為東方型與西方型兩種。東方型用以搬運混裝貨物較為有用，如桶子、袋子等。西方型的二輪手推車的結構架平行，常見於貨車搬運。

　　2.多輪手推車：依腳輪之使用可分為平置式（nontilting style）及平衡式（tilting or balancing style），包括腳輪平置式、腳輪平衡式、六腳輪平衡式三種。

　　3.物流籠車：物流籠車之設計係以大置物空間及可摺疊收藏作為考量重點，適用場合為出貨前之集貨及隨車全程運用。

二、堆高機選用之考量因素

　　(一) 負載能力（load capacity）：負載能力是選擇堆高機最主要的考量因素，它是以負載中心為基準來計算。

　　(二) 舉升（lift）：舉升包括揚程、舉升全高、升降架高度及自由揚程等規格。

　　(三) 升降架高度：係指地面至第一節升降架頂端的高度。

　　(四) 自由揚程（free lift）：係指第二節升降架移動之前，牙叉可上升的高度。

　　(五) 行走及舉升速度：之所以重視，乃是因為它直接影響堆高機的作業效率。

　　(六) 機動性：係指堆高機在一通道寬度內的作業能力。

　　(七) 控制方式：堆高機之控制方式會影響堆高機的作業效率、機動性及安全性。控制方式可區分為驅動控制與導引控制。驅動控制負責車體前進、後退及剎車之控制；另外一項是牙叉上升、下降的控制。而堆高機之導引控制應用，可使操作者在存取通道中前進後退時，不必注意堆高機是否發生偏斜情形，大致可分為機械式及電子式自動導引系統。

搬運設備之種類及考量

搬運設備3大類

1.步行式車輛

- ①低舉升拖板車（Low-life Pallet Trucks）
- ②高舉升步行式堆高機

❶步行無動力式→主要使用在非重複性工作。
❷步行配重式堆高機→適用於中等程度的舉升。
❸步行跨立式堆高機→具有較高的穩定性及較輕重量的特性。
❹步行直達式堆高機→此類型堆高機可在任何高度位置。

❶無動力拖板車
具有1,500至3,000公斤的負載能力，牙叉寬度適用75公分至150公分，且必須將棧板尺寸標準化。

❷電動拖板車
用於短距離搬運，具中等負載重量；因具有電瓶動力可達省力化的目的，同時可搬運二個或四個棧板，最大速度為每小時8公里。

2.坐立式堆高機

- ①配重式堆高機→配重式堆高機的負載是懸吊在前軸的前端，並利用底盤的重量來配重。
- ②跨立式堆高機→其設計在以較輕的車重，較高的堆高機穩定度。
- ③直達式堆高機→與跨立式堆高機相仿，但底部跨架並不需要與負載一樣寬。
- ④轉叉式堆高機→此類型堆高機係結合側邊負載及配重式堆高機的特性，具較高穩定度。
- ⑤轉柱式堆高機→具有轉叉式的側邊負載及配重的優點，但旋轉動作是整個升降架組合一起旋轉。
- ⑥倍深直達式堆高機→具有二節伸臂裝置，可應用於倍深式料架的存取。
- ⑦側載式堆高機→此類型堆高機適用於搬運特殊形狀的負載，最常見是搬運金屬管、木材等。
- ⑧揀取轉叉式堆高機→此類型堆高機係在轉叉式堆高機的前端設一個作業平臺，以供揀取之用。
- ⑨合成車→此類型堆高機係結合堆高機及自動存取機技術所開發出來的合成車，在通道中可同時行走及舉升。

3.手推車

- ①二輪手推車
- ②多輪手推車
- ③物流籠車

堆高機選用考量7因素

| 1 負載能力 | 2 舉升 | 3 升降架高度 | 4 自由揚程 | 5 行走及舉升速度 | 6 機動性 | 7 控制方式 |

Unit **3-11**
儲位管理——基本概念

雖然各行各業之儲位管理的目的不盡相同，但基本上會有一定概念可資遵循。

一、儲位管理的原則

(一) 儲存位置必須清楚、明確地被加以指定：儲存區域經評估後，加以詳細劃分不同大小區域，並標示編號，每一項預備儲存的貨品均有位置可以儲存。這些儲存位置在經編號後，必須清楚明確。

(二) 儲存位置一旦發生異動，應詳加登錄：貨品在儲存位置發生異動時，所有資訊應詳加登錄，才能使庫存資料與帳上資料相符，這是儲位管理成敗的關鍵因素。

二、儲位管理的範圍

(一) 預備儲位：預備儲位係指在進貨或出貨作業時，所使用的暫時儲存區域。

(二) 保管儲位：所謂保管儲位係指貨品以長期方式保管在特定區域，該區域即是保管儲區。一般而言，保管儲位是儲位管理範圍中最重要的區域。保管儲區的設施規劃考量因素，包括貨品狀況、地面負荷、通道設計、出入口，以及例如：照明設備、消防設備等位置之考量等其他項目。

(三) 動管儲位：揀貨工作區域因其流動率很高，故稱為動管儲位。為方便、正確揀取貨品，動管儲位的管理方法就是利用電腦揀貨系統、自動揀貨系統達到目的。其內容包括動管儲位的整理與整頓工作、揀貨單之設計、主要品項的揀貨工作、C類物品的揀貨、揀貨密度等。

(四) 移動儲位：所謂移動儲位係在配送作業時，配送車上的貨品放置區域。在配送車上貨品的放置區，很難依產品別作出明顯的區隔，因此移動儲位的安排非常重要，以免影響企業的服務水準。

三、儲位管理的對象／構成要素／進行步驟

儲位管理的對象可分為兩類，一是保管貨品，以棧板、箱、散品或其他包裝方式為主，另一是其他資材，包括包裝材料、輔助材料、副資材。

而在進行儲位管理時，必須對其構成要素有所瞭解，包括儲位空間、物品、人員、作業需求目標、資金、關聯要素等，才能選取有效作法。

儲位管理的進行步驟如下，即1.決定儲存條件（考量因素：儲存目標、儲存策略、指派原則、儲放類型）；2.儲存空間之規劃與布置（考量因素：空間分類、空間評估、設計規劃、效率提升）；3.選擇儲放搬運設備（考量因素：料架分類、應用方式之選擇、設備使用、搬運輸送之特性）；4.儲區儲位編號（考量因素：區段、地址、座標、品項群組）；5.決定指派模式（考量因素：人工指派、電腦輔助、電腦指派）；6.儲位之維護（考量因素：表格應用、控管技術），以及7.查核及改善工作（考量因素：定期稽核、不定期稽核、提案制度）。

儲位管理的基本概念

儲位管理2原則 = 儲位位置應明確指定 + 儲位異動時應登錄

儲位管理4範圍

1.預備儲位

此區域為暫時保管的區域,時間短。

2.保管儲位

保管儲位的設施規劃考量因素如下:
①貨品狀況:儲區料架所儲存貨品的種類與數量,應依貨品可能之大小、尺寸、形狀、重量來設計。執行過程應注意以彈性調撥方式儲存。
②地面負荷:建築物之地面負荷量必須事先評估,以免發生不適用或危險超負荷的狀況。
③通道設計:應考慮的因素包括搬運工具的大小、重量等性質,物品尺寸、重量、長寬等特性、轉彎半徑等。為了容易辨識,應採用顏色管理作法,將通路及儲位區加以區分。
④出入口:出入口設計時應注意儲存作業的方式及工具,配合儲存策略等,以決定出入口的大小、位置、數目。
⑤其他項目:包括照明設備、消防設備等位置之考慮,應以節約、便利為原則。

3.動管儲位

①動管儲位的整理、整頓工作:動管儲位內若實施5S活動(即整理、整頓等),則對降低尋找貨品的時間大有助益,根據實務上經驗,大約可提升效率20~30%。在整理、整頓的活動執行下,貨架編號、貨品編號、貨品名稱、簡明的標示、燈光、顏色等之利用,將可有效提升揀貨效率。
②揀貨單之設計:應考量貨架編號、貨號、數量、品名安排順序等因素,以避免發生一位多物、一物多位、一號多物、揀錯情形。
③主要品項的揀貨工作:主要品項的揀貨方法是針對出貨量較高的主要品項與其他品項加以區分(利用ABC分類法),分別製作不同的客戶揀貨單。
④C類物品的揀貨:C類物品的揀貨本就較花時間,若與不良品混在一起,將更不利於揀貨工作,若能有效安排C類物品的揀貨,對縮短整體之揀貨有很大助益。
⑤揀貨密度:揀貨密度係指揀取商品的品項數占庫存的全部品項之比率,它是選定動管系統、揀貨輔助機器所需要的重要指標。例如:揀貨密度高者,應使用流利架;揀貨密度低者,使用固定料架。

4.移動儲位

移動儲位管理既然與服務品質有密切關係,因此「先到後進」的裝載貨物原則應予重視。

儲位管理4構成要素

1.儲位空間	2.物品	3.人員
原則上儲位空間應考慮空間大小、走道、搬運設備迴旋空間、柱子排列、梁下高度等。	物品在儲存空間如何放置,必須考慮下列因素,包括儲位策略的作法、儲位單位、商品相依需求性、商品特性、補貨的方便性,以訂購機率為基礎、單位在庫時間。	包括倉管人員、搬運人員、揀貨補貨人員等。
4.作業需求目標	5.資金	6.關聯要素
包括先進先出、空間使用率高、盤點容易、進出貨速度效率高、作業簡便與確實、庫存掌握確實、配送速度快、無缺貨、商品易管理。	投資成本及經濟效益是資金規劃時,最重要的考量因素。	主要的關聯要素包括儲放設備、搬運與輸送設備。

Unit **3-12**
儲位管理——儲位工作分析

由於不同行業對儲位管理的需求可能不盡相同，因此其儲位管理的儲存單位、儲存策略、儲位指派等均有不同之考量。

一、儲存作業之考量因素

(一) 儲存作業之目標：包括空間最大化、貨品特性之考量、貨品有效移動、貨品品質之保障、人力及設備之效率化、高存取效率、良好的管理。

(二) 儲區位置之選擇：儲區位置要有良好的選擇，可參考下列作法，即1.大批量及小批量儲區應加以區分；2.依貨品特性儲存；3.笨重、體積大的貨品應置於層架底部或出貨區，而輕量貨品則可用於載重層架；4.輕量貨品應置於高儲區；5.週轉率低之物品應遠離進、出貨區或較高區域，週轉率高貨品應置於接近出貨區及較低區域；6.服務設施應在低層區，以及7.滯銷貨品或小、輕、容易處理之品項置於較遠儲區。

(三) 儲存策略：包括1.定位儲區：係指每一儲存貨品都有固定儲位，而其適用情況，包括廠房空間大、各種少量的儲存；2.隨機儲區：係指貨品可隨時依指派位置儲放，而其適用情況，包括種類少或體積大的貨品、需盡量利用儲存空間等；3.分類儲區：係指貨品依特性分類，每一類貨品均有固定存放位置，而其適用情況，包括產品尺寸相差大者、週轉率差別大者、產品相關性大者，經常被同時訂購；4.分類隨機儲區：係指每一類貨品有固定存放位置，但各項本身之儲區則是採隨機方式，以及5.共用儲區：在確定知道各貨品的進出倉庫時間，不同貨品仍共用相同儲位，則稱之為共同儲區。

(四) 儲位指派原則：根據儲位策略導出之儲位指派原則，說明如下：

1.隨機儲區與共同儲區之指派原則，是採接近出口原則。

2.定位儲區與分類（隨機）儲區之指派原則，包括產品關聯性原則、週轉率基礎原則、產品相似性原則、產品相同性原則、產品相容原則、產品互補原則、先進先出原則、面對通道原則、疊高原則、產品尺寸原則、產品特性原則、重量原則、易識原則、明確儲位原則。

二、儲放形式

(一) 儲放類型：以數量為基準，儲放形式大致包括小批儲存、中批儲存、大批儲存、零星儲存四種類型。

(二) 儲存設備：包括1.地板堆積儲放方式：係指利用地板作為儲存設備，將貨品置於棧板或直接著地儲放，又分成區域堆積與行列堆積兩種方式；2.料、棚架儲放方式：這方式種類很多，包括單面開放式棚及料架、雙面開放式棚及料架；3.貯物櫃：可使用不同形式的抽屜、盒子或籃子存放小物品，這是料架所無法勝任，以及4.自動倉庫：常見形式包括單元負載式自動倉庫、小料件式之自動倉庫。

儲存作業之考量與儲放形式

儲存作業考量4因素

1.儲存作業目標

2.儲區位置選擇

3.儲存策略

4.儲位指派原則

①定位儲區（dedicated location）
 選擇定位儲區的原因
 包括儲區安排必須考量物品尺寸及重量、依物品特性必須有所區隔、易燃物必須置於特定位置、保護重要物品、儲存條件對貨品儲存影響很大時（如溫度），以及儲區在記憶後，容易提取。
②隨機儲區（random location）
③分類儲區（class location）
 分類儲區的分類原則
 包括產品特性、產品相關性、產品尺寸及重量、流動性。
④分類隨機儲區（random within class location）
⑤共用儲區（utility location）

儲放4類型

① 小批儲存：係指小於一個棧板之儲存，通常採箱為揀貨單位，且置於棧板料架、棚架、貯物櫃。

② 中批儲存：係指一至三個棧板量之儲存方式，以棧板料架或地板堆積為主。

③ 大批儲存：係指三個棧板量之儲存方式，以地板積存或自動倉庫儲存為主。

④ 零星儲存：係指小於整包之貨品儲存方式，以置於貯物櫃或棚架為主。

儲存設備4種類

1.地板堆積儲放方式

2.料、棚架儲放方式

3.貯物櫃

4.自動倉庫

①區域堆積：係指行與行之間的棧板堆積，並不留存空間。
②行列堆積：係指行列之間的棧板堆積，留有適度的空間。

綜合而言，儲存設備依其儲存需求及設備的特性，可提出一般性的參考原則：

① 少樣、多量情形：自動倉庫、地板堆積儲存。

② 多樣、小量的情形：棧板料架。

③ 多量、不可堆積的情形：駛入式料架。

④ 小量的情形：棚架、貯物櫃。

⑤ 多樣、小體積的情形：棚架、貯物櫃。

Unit **3-13**
儲位管理──儲區空間設計與儲放設備選擇

在寸土寸金的現實社會下，儲區空間的設計攸關空間是否有效運用，以及在進出空間時，儲放設備應如何選擇的考量。

一、儲區空間之規劃設計

儲區空間規劃之影響因素，可從柱子間隔、梁下高度及通道三項分別說明如下：

(一) 柱子間隔之設計：進行柱子間隔設計時，最重要的考量因素，包括儲區存放設備之種類及尺寸、儲區與出入口之間的互動情形、倉庫中行駛之卡車數量及種類。

(二) 梁下高度之設計：梁下高度設計之影響因素，包括儲區內堆高機及其他搬運設備種類、保管物品類型及保管設備形式和堆積高度、儲區內保管設備之高度。

(三) 通道之設計：通道位置及寬度設計之影響因素，包括通道類型、搬運設備、防火牆位置、地板負載能力、與進出口及裝卸區之距離、儲存貨品之尺寸、儲存之批量尺寸、出入容易性之考量、服務區及設備的位置、電梯及斜道之位置。

綜合上述條件，中樞通道（backbone aisle）通常是最佳的通道形式，也就是主要通道經廠房中央，且直穿中央，起始為入口，終點為出口，且連接主要交叉通道。

二、儲放設備之選擇

儲放設備如何選擇，應依據哪些考量因素呢？基本上，有下列五種因素必須加以注意：

088

(一) 物品特性：包括尺寸、重量、品項、包裝類型、材料性質。
(二) 出入庫數量：包括先進先出原則、存取頻率高低。
(三) 存取情形：包括選擇性、儲存密度、儲位管理、儲位數。
(四) 廠房結構：包括地板條件、可用高度、梁柱位置、防火設施。
(五) 搬運設備：包括配重式、跨立式、舉升高度、舉升重量、旋轉半徑、通道寬度。

小博士解說　良好的空間通道

倉庫中通道的種類包括工作通道、人行通道、服務通道、儲藏室通道、電梯通道、其他性質的通道。一個良好的空間通道，大約包括下列重點：
1.空間使用符合經濟原則。
2.通道流量符合經濟原則。
3.通道設計應有順序，如出入口為先，次通道為後。
4.符合逃生的規劃。
5.通道寬度原則應在3.6公尺至6公尺。

儲區空間設計與儲放設備選擇

影響儲區空間設計3因素

1.柱子間隔設計
①儲區存放設備之種類及尺寸
②儲區與出入口之間的互動情形
③倉庫中行駛之卡車數量及種類

2.梁下高度設計
①儲區內堆高機及其他搬運設備種類
②保管物品類型及保管設備形式和堆積高度
③儲區內保管設備之高度

3.通道設計
①通道類型
②搬運設備
③防火牆位置
④地板負載能力
⑤與進出口及裝卸區之距離
⑥儲存貨品之尺寸
⑦儲存之批量尺寸
⑧出入容易性之考量
⑨服務區及設備的位置
⑩電梯及斜道之位置

中樞通道通常是最佳的通道形式

儲放設備選擇考量5因素

物品特性
出入庫數量
儲放設備選擇
考量5因素
廠房結構
搬運設備
存取情形

Unit **3-14**
儲位管理——儲位編碼與儲位指派

提高工作效率、減少存貨，應是設計儲位編碼與貨品編號的共同而重要的目的。

一、儲位編碼的方法

(一) 區段法：係將保管區域分為幾個區域，並對每個區域予以編訂不同號碼。

(二) 地址法：係利用保管區域中的現狀（如第幾棟幾層等），予以不同位址。

(三) 座標法：係利用空間概念來進行儲位編碼的工作，由於儲位劃分上相當細密，故在管理上相當複雜。

(四) 品項群別法：係將具相關聯的貨品集合後，區分為不同品項群，並對不同品項予以不同的編碼。

二、貨品編號的方法

貨品編號（symbolization）係將貨品依內容分類，依順序編排，並利用簡單文字、符號或數字，以代表貨品之名稱。其方法有以下幾種：

(一) 按數字順序編號法：係指編號由1為起始點，一直往下編。

(二) 分組編號法：係將貨品之特性分為四個數字組，包括類型、形狀、材質或成分、大小。

(三) 依實際意義之編號法：係利用部分或全部編號代表貨品之尺寸、重量、產能或其他特性。

(四) 數字分段法：係利用數字順序編號法加以簡單之修正，即是將數字分段，每一段代表一類貨品之共同特性。

(五) 暗示編號法：係利用數字與文字的組合編號，編號本身已暗指貨品內容。

(六) 後數字編號法：係利用編號最後的數字，對同類貨品進一步的細分，且可採杜威式十進位編號法。

(七) 混合編號法：係利用英文字母與阿拉伯數字編訂貨品編號，而且大多以英文代表貨品名稱或類別，並以十進位或其他方式編排阿拉伯數字號碼。

三、儲位指派方式

(一) 人工指派方式：係利用人工指派儲位，此方式的優點是作業彈性大、資訊及電腦相關投資及維修費用少；而缺點方面，則包括錯誤率高、必須投資大量人力、易受作業人員情緒影響、常依賴管理者的經驗行事、作業效率低。

(二) 電腦輔助指派方式與電腦全自動指派方式：當儲位管理以電腦來指派儲位，即是電腦輔助指派及電腦全自動指派方式，兩者差異在電腦化的程度有所不同。不過兩者均必須透過控管技術來達成任務。也就是利用自動讀取或辨識設備讀取資料，並透過網路或無線電指派儲位。這一切作業是採即時控制方式。兩者具有效率高、不受人為因素的干擾、錯誤率低等優點；而投資費用高、維護不易，則為其缺點。

儲位編碼與儲位指派的方式

儲位編碼 4 方法

| 1.區段法 | 較適合於單位化貨品或大量、保管期短的貨品。 |

| 2.地址法 | ①適用於量少或單價高貨品儲存使用，如ABC分類中的C類貨品。 |
| | ②目前使用最多的儲位編碼方法。 |

| 3.座標法 | 較適用於生命週期較長的貨品。 |

| 4.品項群別法 | 較適合儲放服飾、五金類的貨品。 |

貨品編號7方法

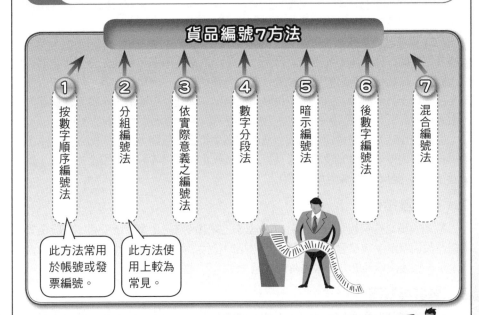

① 按數字順序編號法
② 分組編號法
③ 依實際意義之編號法
④ 數字分段法
⑤ 暗示編號法
⑥ 後數字編號法
⑦ 混合編號法

此方法常用於帳號或發票編號。

此方法使用上較為常見。

儲位指派方式

一般而言，儲位指派方式依電腦化程度分為3類

1.人工指派方式

2.電腦輔助指派方式

3.電腦全自動指派方式

兩者差異在電腦化的程度有所不同。

作業要點
①指派人員應對儲位指派原則非常熟悉，且能靈活運用。
②登錄工作必須詳實的執行。
③倉儲人員必須確實遵守指派人員的指示，將貨品放置在正確位置，且同時將情況加以記錄。

Unit **3-15**
搬運管理

　　搬運在物流管理中扮演一項重要的角色，物品進出倉庫及存取均須依靠搬運加以完成。因此，一套良好的搬運系統及設備或作法能減少搬運次數、降低搬運時間、減少物品損耗、避免意外發生、提高工人作業效率等。總之，它能提高搬運效率，進而降低搬運成本。

一、搬運的基本概念

　　(一) 搬運的影響因素：物品搬運過程的效率基本上受到搬運設備及系統、搬運的時間、搬運的數量、空間的大小、倉儲位置等因素的影響。

　　(二) 搬運設計之原則：搬運是否具有效率對儲運成本具有絕對的影響力，所以若依據良好原則作為搬運工具設計之參考，定能提高搬運效率，包括充分利用空間、單位化觀念、自動化系統之使用、標準化作法、彈性作法、簡單化作業、設備適合性、安全性，以及其他原則，例如：使用頻率高原則、搬運流程經濟、水平直線搬運作法（搬運距離最短）、預防保養原則、廢棄原則（於淘汰時應予明確淘汰）。

　　其中安全性是任何搬運設備或作法最起碼須符合的原則，否則不切實際。除上述所提各項原則外，其他如設備維修及更新、機械化的使用等觀念亦須多加考慮，以使業者在搬運管理上能具較大的效率。

二、搬運設備選擇

　　搬運設備之投資相當龐大，若有不適當之採購，將對企業有所不利。一般企業採購搬運設備時至少須注意下列因素，即物品的特性、建築物的條件、搬運物品的大小與重量、搬運設備的能力、搬運時間快慢。

三、包裝與搬運

　　包裝與搬運有極密切的關係，從便於搬運的立場來看，包裝實具有重要的意義。因此，與搬運有關的包裝應該考慮哪些因素，以下分別說明之。

　　(一) 選擇包裝應注意的事項：包括產品特性、搬運工具的種類、包裝的材料、包裝的機具與設備、儲運的方式。

　　(二) 單位化包裝（unitization）：單位化包裝係將一種或各種相類似產品組合成一個較大的單位，並加以固定於墊板之包裝，以利堆高機等搬運設備之裝卸及搬運。單位化包裝已廣為物流業者使用，其理由為安全高、符合經濟利益、速度較快、減少破損機會、降低被偷竊的可能性，以及有效使用空間等六種。

　　(三) 貨櫃化（containerization）：貨櫃（container）是一種箱形的運輸容器，它可將不同小單位貨物集合在一起，以發揮包裝之長處。

　　搬運時的包裝採取貨櫃化處理，可使運輸效率大為提升；目前物品之長途運送已有龐大的數量採取貨櫃化。

搬運管理的概念及運用

搬運的基本概念

1.影響因素
①搬運設備及系統：搬運設備及系統愈好，搬運效率愈高。
②搬運的時間：搬運時間愈久，效率愈差。
③搬運的數量：搬運數量愈多，搬運時間愈長；若同一種物品數量雖多，但因適用之設備及存取位置一致，反能減少搬運時間。
④空間的大小：倉庫空間愈大，搬運機具可使用之空間相對加大，則搬運更方便，有利效率之提高。
⑤倉儲位置：物品存放位置愈適當，搬運效率愈高。

➕

2.搬運設計原則
①充分利用空間：可使用空間愈多、儲存成本愈低，有利競爭力之提升。
②單位化觀念：可使物品能依大小、數量、重量等方式進行標準化，以加速流通速度。
③自動化系統之使用：不僅可減少勞工成本，而且準確性、安全性較佳。
④標準化作法：搬運物品標準化，可降低搬運困難度，加速搬運時效。
⑤彈性作法：搬運設備若能彈性運用，不但可適用多樣化物品存取之需，而且可減少搬運設備的額外投資。
⑥簡單化作業：搬運工作應設法合併、剔除或減少，以使固定搬運設備能充分發揮其效能。
⑦設備適合性：倉庫性質與搬運設備有很大關係，不可採購與倉庫性質不相合的搬運設備，以免徒增設備支出。
⑧安全性：這是任何搬運設備或作法最起碼須符合的原則。
⑨其他原則。

搬運設備選擇5考量

1.物品特性

5.搬運時間快慢

2.建築物條件

搬運設備選擇

4.搬運設備能力

3.搬運物品大小與重量

包裝與搬運

① 選擇包裝注意事項 ⟶ ①產品特性 ②搬運工具種類 ③包裝材料 ④包裝的機具與設備 ⑤儲運方式

② 單位化包裝

③ 貨櫃化 ⟶ 將不同小單位貨物集合在一起，以發揮包裝之長處。

Unit **3-16**
揀貨管理──揀貨作業概念

　　如何發揮更有效率的揀貨作業，是目前揀貨管理中最基本的考量問題。

一、揀貨作業程序

　　(一) 揀貨資料之構成及建立：揀貨資料之構成及建立，最初來自人工，並利用原始傳票轉換為揀貨單或電子訊號。

　　(二) 搬運或行走：可分成人至物與物至人兩種方式。人至物的方式是揀貨人員利用步行或揀貨車輛至貨品儲存區，即是貨品處於靜態之儲存方式，如輕型料架。而物至人的方式，主要移動者為貨品，即是揀貨者處於靜態狀態，而貨品為動態的儲存方式，如旋轉自動倉儲。

　　(三) 揀取：揀取包括扱取及確認動作兩部分，扱取是抓取物品的動作；確認動作的目的是確定扱取的物品、數量是否與指示揀貨的資訊相同。

　　(四) 分類與集中：揀貨最後階段可能是根據不同產品予以分類，再依訂單彙集。

二、揀貨作業系統

　　揀貨作業系統是描述進行揀貨作業所採用的方法，它由下列五種因素組成：

　　(一) 揀貨單位：可分為棧板、箱、單品、特殊品四種類型。

　　(二) 揀貨方式：包括訂單別揀取、批量揀取、彙整訂單揀取、複合揀取四種類型，詳細內容說明如右。

　　(三) 揀貨策略：決定採用何種揀貨策略的因素，則是分區、訂單分割、訂單分批及分類。揀貨策略即是由此四項因素交互運用下所產生的組合。

　　1.分區（zoning）：分區的意義是將揀貨作業場地做區域劃分。分區又分為揀貨方式分區、工作分區、揀貨單位分區三種類型。

　　2.訂單分割（splitting）：訂單種類多且短時間必須儘快完成揀貨處理工作，則將訂單切分成若干子訂單，最後再加以彙整。

　　3.訂單分批（batching）：訂單分批是將不同訂單彙集成一張揀貨單，以進行批次作業，最後才再依據客戶別予以區分，它有助於縮短揀取的時間及搬運距離。它又包括總合計量分批、固定訂單分批、時窗分批、智慧型分批四種方式。

　　4.分類（sorting）：包括揀取時分類、揀取後集中分類。

　　(四) 揀貨資訊：透過揀貨資訊可以進行揀貨的作業。揀貨資訊種類包括1.傳票：即是利用公司的交貨單或客戶訂單作為揀貨依據；2.揀貨單：從原始客戶訂單輸入電腦後，進行揀貨資訊處理，列印揀貨單；3.揀貨標籤：即是經由電腦處理後之揀貨資訊，係透過揀貨標籤顯示貨品之名稱、儲位等資訊，以及4.電子資訊：即是利用處理後之電子資訊進行揀貨指示，包括電腦輔助揀貨系統（computer aided picking system, CAPS）及自動揀貨系統兩大類，茲說明如右。

　　(五) 揀貨設備：揀貨設備在本章前面已有略述，在此不再多加贅述。

揀貨作業概念

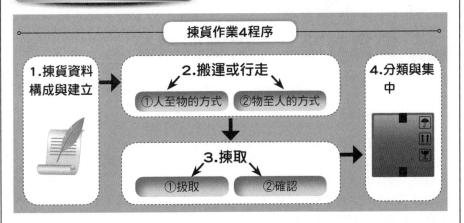

揀貨作業4程序

1.揀貨資料構成與建立

2.搬運或行走
①人至物的方式　②物至人的方式

3.揀取
①扱取　②確認

4.分類與集中

揀貨作業4系統

1.揀貨單位
①棧板　②箱　③單品　④特殊品

2.揀貨方式

①訂單別揀取：此揀取方式係由揀貨人員依每張訂單上之要求，逐一至倉庫各儲存區域揀取貨品，這是最傳統的揀貨方式。

②批量揀取：此揀取方式係將多張訂單集合成一批次，依商品別將數量加總後再進行揀取，最後依客戶訂單別分類處理。

③彙整訂單揀取：此揀貨方式是用於一天中每一訂單只有一品項的情形，但為提高輸配送的效率，而將某地區訂單彙整成一張揀貨單，它是訂單別揀取方式的變種類型。

④複合揀取：此揀取方式係將訂單別揀取與批量揀取方式的組合加以運用。

3.揀貨策略
①分區　②訂單分割　③訂單分批　④分類

4.揀貨資訊
①傳票　②揀貨單　③揀貨標籤　④電子資訊

❶電腦輔助揀貨系統：此系統在揀貨作業上仍由人力執行，但利用電腦顯示儲存的位置及揀取數量，主要的種類包括數位顯示儲架、資料傳遞器、電腦輔助揀貨臺車、條碼、無線通信五種。

❷自動揀貨系統：即是所有揀貨作業均透過電腦資訊及機械人進行揀貨作業，這是目前最先進的揀貨系統，其技術仍不斷在革新。

Unit **3-17**
揀貨管理──規劃與改善

良好的揀貨作業規劃，能提高效率與生產力，同時也能因應市場趨勢而改變。

一、揀貨作業規劃

(一) 揀貨儲存系統規劃程序：商品訂單資料分析→揀貨單位決定（揀貨）、商品存量設定（儲存）→揀貨策略運用（揀貨）、儲存區域設計（儲存）→揀貨資訊設計（揀貨）、儲存策略運用（儲存）→設備選用及布置設計。

(二) 揀貨單位決定步驟：包括進行商品特性分類、依據歷史訂單資料進行分析、訂貨單位合理化、決定揀貨單位。

(三) 揀取方式之初步決定：可分為定量法與定性法兩種。定量法是依出貨品項數的多寡及商品的迴轉頻率高低，決定初步的揀取方式為訂單別揀取或批量揀取；而定性法則依商品外型體積變化的大與否，決定初步的揀取方式為訂單別揀取或批量揀取。

(四) 揀貨策略之運用：包括1.分區的考量：揀貨及儲存在分區上是相互配合的，其決定程序依序為商品特性分區、儲存單位分區、揀貨單位分區、揀貨方式分區、工作分區；2.訂單分割策略：主要係配合揀貨分區的考量結果，因此最後只須確認訂單分割的大小範圍；3.訂單分批策略：依據配送客戶數、訂貨型態及需求頻率，選擇出較合適的訂單分批方式，以及4.分類方式的訂定：分類方式的主要決定因素是訂單分批方式，大致區分為揀取後分類及揀取時分類。

(五) 揀貨資訊處理：揀貨資訊處理與電腦化的程度、揀貨系統規模有密切關係。電腦化、自動化程度愈低、揀貨類別愈少者，則採用簡單的傳票方式。

二、揀貨作業之改善

(一) 揀貨作業之特性：透過瞭解揀貨作業的特性以及分析，進而尋求改善之道，主要有1.數量調查分析，包括品項、數量、迴轉頻率、訂單件數、尖峰係數；2.物量流程分析，包括進貨物量、保管物量、揀貨物量、出貨物量；3.人員，包括人數與時間分配、專業化、向心力、教育訓練、人性化管理；4.作業方式，包括訂單別揀取、批量揀取、彙整訂單揀取、複合揀取、揀貨策略；5.設備，包括電腦輔助揀貨臺車、電腦輔助揀貨系統（CAPS）、無線傳輸輔助揀貨系統（RFDC）；6.資訊，包括訂單處理、揀貨指示、儲位指示、補貨指示、缺貨紀錄、揀貨管理；7.目標，包括效率化的提升、合理化的追求、準確性的提高、作業單純化和專門化，以及8.生產力，包括人員、設備、策略、時間、成本、品質。

(二) 揀貨作業之改善：揀貨作業之所以需要改善，一般是揀貨效率出現不佳的情況，通常包括作業人員增加、未做好商品管理、揀取準確度不佳、電腦資料處理速度慢，以及未購置合適的設備等原因。因此，在提高揀貨效率的方向時，可朝提高作業速度及正確性、落實省人化及省力化、作業合理化、改善設備的使用效率，以及改善作業環境及管理等五種方向進行。

揀貨作業規劃與改善

揀貨作業規劃

1.揀貨儲存系統規劃程序

①商品訂單資料分析
↓
②-1揀貨單位決定 [揀貨]　②-2商品存量設定 [儲存]
↓
③-1揀貨策略運用 [揀貨]　③-2儲存區域設計 [儲存]
↓
④-1揀貨資訊設計 [揀貨]　④-2儲存策略運用 [儲存]
↓
⑤設備選用及布置設計

2.揀貨單位決定步驟

①進行商品特性分類
↓
②依據歷史訂單資料進行分析
↓
③訂貨單位合理化
↓
④決定揀貨單位

3.揀取方式初步決定

①定量法　＋　②定性法

❶訂單別揀取的適用情形
適用商品外形體積變異大，且商品差異大、分類不易的情形，如化妝品、家具、高級服飾等。
❷批量揀取的適用情形
適用於外型較具規則、固定的情形，如箱裝等。

4.揀貨策略運用

①分區的考量
②訂單分割策略
③訂單分批策略
④分類方式的訂定

5.揀貨資訊處理

揀貨作業改善

1.瞭解揀貨作業特性

①數量調查分析　②物量流程分析　③人員　④作業方式
⑤設備　　　　　⑥資訊　　　　　⑦目標　⑧生產力

＋

2.揀貨作業改善

①瞭解揀貨效率不佳的原因
②提高揀貨效率5方向
❶提高作業速度及正確性
→包括減少揀貨人員的行走時間或設法降低物品移動時間、設法縮短物品扱取時間、減少尋找物品的時間、降低揀錯率。
❷落實省人化及省力化
→多運用QC循環（PDCA），去除不必要的作業及減少重複性的工作，並導入自動化設備的設計。
❸作業合理化
→包括改善作業線交錯的狀況、降低停滯及等待時間、防止缺貨與緊急出貨的狀況發生。
❹改善設備的使用效率。
❺改善作業環境及管理。

Unit 3-18
包裝

包裝係指物品在運輸、倉儲、交易或使用時，為保持其價值及原狀而施予適當的材料、容器等技術，或經實施完成的狀態。而包裝在角色上除了產品保護外，也是便於搬運的工具、產品相關資訊提供者、產品差異化的工具、吸引消費者的手段等。

一、包裝基本概念

(一) 包裝的功能：包括保護產品、有利於貨品儲存搬運、產品之解說、標示品牌名稱／產品功能／使用說明、提高產品附加價值或減少產品浪費、易於辨識、行銷功能、降低成本八種功能。

(二) 包裝策略之基本認識：一般說來，包裝策略最起碼牽涉下列各項因素，包括負責包裝活動組織的責任、包裝設計、包裝改變（修正或創新）、包裝再使用的設計、多量包裝、包裝安全性。包裝設計除具吸引力外，必須符合安全條件。包裝雖具備很多功能，但近年來綠色行銷概念的興起，公司對包裝的設計必須多加注意，除符合社會趨勢，迎合部分消費者之要求外，更是公司的社會道德責任。

(三) 標籤：由於標籤在近年來包裝上所扮演的重要角色，因此進一步加以說明。標籤可能只是附在產品上的字條，也可能是一個設計的圖案；總之，它是出現在產品包裝上之印刷資料，其功能包括易於辨別、說明某些產品資訊、具有促銷功效。標籤之顯示已有法律作為最基本的規範，企業應加以注意。

二、包裝系統

(一) 降低包裝成本的方法：一般降低包裝成本的方法，包括選擇優良的包裝設計師以降低包裝發展成本、降低包裝材料成本、降低包裝附屬材料之使用成本、減少包裝生產廢料、改變包裝之形狀／尺寸／結構、減少包裝時之損壞、減少包裝所占之重量及體積。

(二) 選擇包裝應考慮之因素：包裝方法之採用必須考慮各種相關因素，包括產品特性、使用的材料、運輸工具的選擇、包裝的設備、儲藏與運輸方式、消費者的便利性、競爭力、經濟條件。

三、包裝設計程序與評估

企業在進行包裝選擇時，常會依上述考量因素進行分析，且有一連串的規劃步驟，以下就一般常見的程序簡略說明如下：1.企業應建立適當的包裝概念；2.成立正式或臨時之工作小組或委員會，進行相關包裝課題之探討；3.針對包裝設計之影響因素及選擇包裝的因素加以探討；4.擬定包裝設計之各項方案，並經利弊分析後，排定優先次序；5.進行包裝測試與評估；6.根據評估結果，決定企業真正的產品包裝方式，以及7.不斷的進行稽核，存在不當情形時，應立即予以改正。至於包裝是否符合實際上需要，或以吸引消費者為目的，實有待評估。

包裝的認識與設計

包裝基本3概念

1.包裝的功能

①保護產品	保護產品是包裝的原始功能，亦是主要功能之一，旨在避免產品受到外力影響而產生毀損。
②有利於貨品儲存搬運	貨品之包裝可能可減少空間的使用，且能使搬運更為可行或方便。
③產品之解說	透過包裝可使得消費者在使用時能清楚知道如何使用產品，或避免發生不當的使用。
④標示	產品的包裝可能是品牌名稱、產品功能介紹或使用說明等。
⑤提高產品附加價值或減少產品浪費	設計良好的包裝，常能提高產品的附加價值或是減少產品浪費。
⑥易於辨識	包裝對產品辨識有相當大的助益。
⑦行銷功能	創造產品差異化，且刺激顧客購買欲望。
⑧降低成本	

2.包裝策略的基本認識

①負責包裝活動組織的責任
②包裝設計
③包裝改變（修正或創新）
④包裝再使用的設計
⑤多量包裝
⑥包裝安全性

3.標籤

①具有易於辨別、說明某些產品資訊、促銷功效等功能。
②法律對標籤最基本的規範。

包括製造商名稱及地址、產品內容或成分、製造日期、有效使用日期、重量或容量、尺寸或大小等。

099

包裝系統

降低包裝成本方法 **+**

選擇包裝應考慮因素

①產品特性　②使用的材料　③運輸工具的選擇
④包裝的設備　⑤儲藏與運輸方式　⑥消費者的便利性
⑦競爭力　⑧經濟條件

知識補充站

包裝之評估

包裝要如何評估是否符合實際上需要，重要的評估因素包括以下七點，即1.是否符合經濟性，達到降低成本的目的；2.是否能達到保護產品的目的；3.是否能適應外在環境的變化，而不致損毀產品本身；4.是否符合方便性且讓消費者不致在使用時受到傷害；5.是否能達到吸引消費者的條件；6.是否具有創造的差異化，以及7.是否會違反社會的基本規範等。

Unit **3-19**
個案　Boxbee創新性儲存物流公司

　　Matthews創建Boxbee這家初創公司，幫助人們組織管理他們的生活及住宅。Boxbee是一家儲存物流初創公司。該公司成立於2012年，當時Matthews還在半導體行業工作。 他首先按照自己的創意開發出了一個最低可行產品，並進行了測試，然後用谷歌廣告推廣自己的這項服務，之後就有訂單。Matthews租用一輛廂式貨車，分發儲存箱，每個收費12美元。同時他加入了一個企業加速器AngelPad，並成立了公司Boxbee。

　　Boxbee運作的方式是在網站上，用戶可以選擇自己需要多少空盒子。 每個盒子每月儲存費用是7.5美元。消費者只要告訴Boxbee何時把這些空盒子快遞到你家裡。再選擇一天和具體的一個時間，讓Boxbee上門去取你裝滿東西的盒子。 然後給你的東西拍一張照片，這樣等於是給盒子做個標籤，並且能讓你記住東西放在什麼地方。Boxbee公司會過來取這些盒子，並把你的東西打包，運送到一個安全的倉庫，在那裡存儲了數以千計的Boxbee盒子。當你告訴Boxbee什麼時候需要拿回這些盒子。Boxbee會在數小時以內，把你的盒子送回到你手中。

　　為了讓自己的業務安全有效，Boxbee做了很多工作。 首先他們的盒子尺寸大小都是一樣的，這樣他們可以整齊的排列在倉庫裡面，而無需浪費倉庫空間。可能以後Boxbee會允許人們儲存一些形狀各異的物品，但是目前他們的盒子都是24×12吋標準大小。

　　Boxbee是一種垂直整合業務。 它控制業務中的每一件事，從訂單處理，到取貨送貨，再到存儲空間。這樣做可能讓Boxbee快速來回運送客戶的東西。Boxbee清楚知道自己需要按照一定方法堆疊箱子，當用戶需要拿回自己的盒子時，才會輕鬆取得，否則在成堆的盒子裡找到指定取出的哪一個是不易完成的。

　　安全是Boxbee客戶關注的主要問題，他們把那些帶有個人情感的東西託付給Boxbee報關。Matthews表示他的公司部署了額外的防備，確保任何東西不會丟失，也不會被損壞。例如：每個盒子都被放置高處，以防止洪水侵襲。另為減少一些潛在的危害，比如房屋漏水，他還會自己付錢翻新整修存儲倉庫。

　　Boxbee可以把自己的貨箱快遞到世界上任何一個地方，但是只在紐約和舊金山地區取盒子，舊金山也是該公司的總部所在地。 由於這個創意很不錯，很快就出現了一批模仿者，Matthews表示，那些模仿者根本不是他的競爭對手。

　　Matthews表示自己的目標並不是構建一家存儲公司，他希望能讓人們的城市生活更加方便。「我們每天都在公司裡提醒大家，Boxbee經營的不是儲存業

務，」Matthews說道，「我們的業務，就是讓城市的生活和商業更具效率與便捷性。」

資料來源

中國電子商務研究中心，Boxbee：一家儲存物流初創公司，2014年2月18日，INFO.10000link.COM（萬聯網）。

個案情境說明

Boxbee係為幫助人們組織管理他們的生活及住宅

Boxbee運作方式是在網站上，用戶選擇自己需要多少盒子，何時快遞到你家裡，再選擇時間，由該公司去取裝滿東西的盒子。

Boxbee將盒子尺寸大小一致化，以節省倉庫空間。

Boxbee是一種垂直整合業務，從訂單處理、揀貨運送，再到存儲空間。另外，重視安全問題。它是使城市的生活與商業，更有效率與便捷性。

動動腦

◎Boxbee負責人Matthews說道：Boxbee經營的不是儲存業務，而我們的業務，就是讓城市的生活和商業更具效率與便捷性。該公司的獨特性為何？是否可視為創新性服務？請您予以評論。

◎Boxbee公司的作法適用於美國的生活環境，您認為未來該公司在美國是否能成功？請予以分析。另其營運模式是否適合運用到臺灣或其他市場？請提出見解。

Unit **3-20**
個案　小型服裝企業物流倉儲管理

　　服裝行業是時尚產業，具有多品項、小批量、週期短、交貨快的特點，服裝商品的季節性和多樣性（款式、顏色、尺碼等）決定了服裝企業需要高效順暢的物流配送體系支撐現代化的服裝物流，即進銷存配（進貨、銷售、存貨、配送）作業流程，以自動化與資訊化的方式完成。

　　服裝倉儲管理在整個服裝供應鏈環節中具關鍵角色，它連接生產者與消費者，實現從生產加工到成衣入庫以及最終配送至終端銷售店鋪的系列流程。服裝物流倉儲管理，包括入庫、儲存、分揀、配貨、出庫等基本作業流程。

　　H品牌於2008年創立的時尚休閒女裝品牌，目標消費者為25-35歲的都市時尚女性，「愛上旅程，Dream on the Road」是品牌經營理念。2010年3月公司在上海設立營運中心，負責H品牌的設計和營運拓展等業務，時裝的生產加工主要依託在上海、江蘇、浙江等地的加工廠（牛仔系列產品在山東總部加工廠生產），服裝物流配送業務在山東總部完成。該品牌全國擁有20家終端銷售專櫃，主要分布在華東及華北地區的二、三線城市。

　　H品牌配貨流程及模式。每季度在下達大貨生產計畫前，上海營運中心都會舉行服裝訂貨會，在訂貨會上加盟商和區域主管根據所轄終端店鋪銷售情況完成服裝訂貨需求。

　　在季度服裝入庫後，H品牌物流倉儲部會定期完成服裝的配貨任務。

　　2011年11月分，通過對總部倉庫進行庫存統計時發現，2011年前三季度庫存率達54.5%。較高的庫存壓力迫使店鋪透過更低的折扣來進行促銷，同時較為分散的終端銷售網絡體系帶來較高的運作成本。運作初期的H品牌，面臨的問題是組織架構的不完善、專業人才的不足、企劃方案的滯後、貨品管理的混亂、較高的運作成本等。

　　首先引進資訊化物流設備，增加ERP系統終端接口，將山東物流倉儲部門連接至ERP系統中，並導入現階段庫存數據。其次，規劃整理物流倉庫的布局，設置面輔料區、外貿成衣區和H品牌服飾區域，在各自區域分別做品類劃分，以便實施精細化的倉儲管理。根據現階段物流配送週期，重新設定店鋪訂貨點和安全庫存。最後，各部門的協同配合是物流倉儲部門。

　　規劃後的物流倉儲部門獲取物流倉儲資訊，包括倉庫成衣的接收、入庫、訂單揀貨、出庫以及庫存服裝產品統計等，它有效串聯生產部、採購部和營運部等部門。該公司入庫管理是對送達的貨品進行數量核對、品質核查和單據確認等工作。儲位管理是根據倉庫劃分的區域和貨物的品類特性，將倉庫的儲位合理安

排。庫存管理就是需要嚴格控制材料庫存和成品庫存。出庫管理則是核對入庫票據，並依據實際情況提供配貨票據給第三方物流公司，接收完畢後提供覈實單據並反饋至出貨系統。

資料來源

　　商浩鑫，小型服裝企業物流倉儲管理案例優化探析，萬聯網，2013年11月15日。

個案情境說明

> **服務業者在多品項、快速交貨等特性下，必須以自動化和資訊化方式完成進項存配的作業。**

服務倉儲管理是整個服裝供應鏈中最具關鍵角色。	H品牌具有其本身的配貨流程及模式，但發現其庫存率過高，增加其營運成本。	H品牌面臨貨品管理、專業人才不足等問題，提出引進資訊化物流設備等作法，設法解決其困境。

 動動腦

◎近年來，隨著ZARA、H&M、UNIQLO等快速時尚消費模式的興起，服裝產品的生命週期日益縮減，眾多服裝企業面對市場需求，無法做出快速反應。若您是服裝業者的物流管理主管，將會如何規劃公司本身的物流管理系統？

◎作為中小型服裝企業，在物流倉儲部門的規劃中，應注重品牌對物流配送的依賴程度，制定適合於品牌發展的物流倉儲計畫。您認為中國H品牌的物流管理經優化後，是否能因應市場之需求？請評論之。

Unit 3-21
個案　一座總倉是管理供應鏈庫存的鑰匙

　　路威酩軒（LVMH）在中國近80個一、二線城市、500家左右門店、九大品牌以及29億元人民幣的銷售額，但在中國仍舊只有一座總倉而不設分倉。這座占地面積5,600平方公尺的總倉，服務路威酩軒香水、化妝品（上海）有限公司七成左右的銷售量。法國、義大利、美國生產中心收到供應商原料後安排生產，成品或通過新加坡亞太中心，或直接由產地進入中國倉庫，最終到達百貨公司，整個過程大致需要4至10個月時間。在中國區域，當香水進入中國倉庫後，實行九大品牌共用服務的倉儲機制，每個品牌又保持獨立運營。

　　路威酩軒建立OTMS系統，欲實現全程運輸追蹤。這套系統運行後，將會上傳訂單資訊至雲端，運輸商通過系統獲取訂單資訊後，便可指定司機接單並送至百貨櫃檯；當司機手機端與櫃檯端接觸（兩端對接時通過唯一碼進行交接）後，並將交接資訊上傳至雲端；銷售人員拍照確認接受驗貨情況並上傳至雲端。這套系統的意義在於防止運輸商、司機或者銷售人員中途私自截留、掉包等違規行為，保證真品出倉、真品在途、真品上櫃、真品銷售。

　　物流供應鏈部門在選擇物流商時，向公司列出一系列考核指標。第一，我們要求物流商需要擁有自有網路與自有車輛：對流程、城市特殊狀況、網站布置都很熟悉；第二，對化妝品行業擁有一定行業經驗；第三，良性溝通：一旦物流商在運輸過程中發生事故時要及時告知，彼此協商解決方法；最後，物流商要配合改進工作方式，因為我們會不斷更新、推出新的管理系統。

　　路威酩軒（上海）實行供應鏈快速反應及全方位庫存管理計畫。在總倉環節，主要方式是合併櫃檯訂單。上海公司開發櫃檯自動補貨系統，綜合運用銷售預測系統，根據歷史銷售記錄設定進口時間參數、庫存參數等，將同一櫃檯多個訂單合併為一個訂單配送。大品牌合併為一週發貨一次，小品牌則兩週發貨一次。在總倉內，上海公司還會制定櫃檯下單日。

資料來源

　　海麗梅，《物流技術與戰略》，第77期，2015年10月（專訪Louis Vuitton Moet Hennessy上海物流總監林正娣）。

個案情境說明

LVMH公司在中國有500家門市、9大品牌，
但只使用一座總倉而不設分倉。

↓

從法國等生產中心收到供應商原料後，安排生產，
至最終到達百貨公司約4至10個月。

↓

建立OTMS系統實現全程運輸追蹤。

↓

實行供應鏈快速反應及全方位庫存管理計畫。
在總倉環節上，進行合併櫃檯訂單。

 動動腦

◎試論路威酩軒（上海）在實行供應鏈快速反應及全方位庫存管理計畫為
　何？您認為有何改善空間？

第 **4** 章
運輸管理

●●●●●●●●●●●●●●●●●●●●●●●●●●●●● 章節體系架構 ▼

Unit 4-1　個案　IKEA的包裝管理與運輸管理

Unit 4-2　運輸系統規劃

Unit 4-3　運輸型態與複合運輸

Unit 4-4　貨物運輸方式與單位裝載化

Unit 4-5　個案　DHL：布滿溫控器的列車

Unit 4-6　個案　海爾大件配送進入本地社區

Unit **4-1**
個案　IKEA的包裝管理與運輸管理

圖解物流管理

　　不論是物流還是供應鏈管理的執行策略，永遠都沒有標準答案，永遠都沒有最佳作法，而是不斷根據商品特性、消費者習慣、科技與環境做出較佳的調配。

　　IKEA每個門市的規劃大致相同，約有9500多種品項，但是在物流中心的設計上，不像一般廠商完全以地理區域劃分物流中心的權責範圍；而是根據80-20原理將商品區分出高流動型與低流動型，然後將高流動型商品布署在高度自動化的物流中心；低流動型商品則是放置在以人工作業為主的物流中心。

　　IKEA最成功的物流策略就是大量採用扁平化包裝設計，也就是不管是怎樣形態的家具，都可以一片一片拆解，然後讓消費者可以很方便地搬回家後，再快速組裝起來。包裝扁平化使商品具有極高的運輸效率，不僅大幅降低IKEA的運輸成本，也使原本一貨櫃可裝載的商品種類變多，符合現代消費者少量多樣的選擇趨勢。具有低成本運輸的優勢，就可避免受到「生產點要離消費點愈近愈好」以往規範的限制，並使供應鏈的每個環節都能徹底發揮最大效率。

　　在運輸策略上，IKEA首選鐵路運輸，其次則是海運，真正會使用到空運的僅有1%左右。目前全球門市最多的歐洲地區，部分門市甚至擁有鐵軌，可以讓貨運火車直接駛入店內卸貨。

　　另一個IKEA改善的知名案例，就是「蠟燭改善案」。在這個改善案中，IKEA大幅降低運輸「空氣」這種狀況。這個案例是一款100個包裝的小蠟燭，原本的包裝是採用隨機塞入法，也就是只要蠟燭可塞得進袋子即可，但是這樣的放置作業方式，因為蠟燭的間隙很大，造成一個海運貨櫃所能存放的袋子大為減少；經過重新設計後，蠟燭改用陣列排序，再裝入包裝袋；如此小小的改變，卻使得原本的海運棧板數量降低約30%，不管在成本的節省，或是碳排放的改善均有相當驚人效益。

資料來源

　　物流技術與戰略雜誌社官方網站（https://www.logisticnet.com.tw），2015年2月1日。

個案情境說明

IKEA門市規劃大同小異，約有9500多種品項，但物流中心的設計都依據80-20原理，區分高流動型與低流動型。

高流動型
布置在高度自動化物流中心

低流動型
布置在以人工作業為主的物流中心

大量採用扁平化包裝設計。

蠟燭改善案：
大幅縮小包裝空間，
減少運輸成本。

IKEA運輸策略以鐵路運輸為主，其次為海運，空運只占1%。

動動腦

◎試論IKEA在包裝作法上有哪些特色？又有哪些值得參考？理由為何？

Unit 4-2
運輸系統規劃

本文所指之運輸系統係指個別企業的運輸系統。一般而言，一個良好、有效的運輸計畫，不僅能達到滿足顧客的需要，更要符合企業營運的目的。

一、運輸系統規劃之步驟

(一) 瞭解運輸計畫的目的：企業不論是以物流為主的公司或是製造業，基本上必須先瞭解其顧客的需求何在，進而確定企業運輸計畫的目的。尤其在貨物多樣化、運輸工具多種類、公司內部資源受限制的情形下，更有必要先對企業本身運輸計畫的目的進行瞭解。

(二) 蒐集運輸活動的相關資訊：運輸活動牽涉之資訊相當多，例如：顧客的年需求量、日需求量、淡旺季的狀況、營運的成長性、運輸工具的種類來源等。

(三) 設法整合運輸功能的相關因素：在對運輸功能相關因素有較充分的瞭解後，並設法加以整合，將可訂出較佳的運輸計畫。運輸功能相關因素包括貨物、運輸工具、客戶、運輸人員、運輸地點、運輸路線、運輸時間等。

(四) 運輸計畫草案完成：在上述的步驟完成後，即可草擬出運輸計畫。運輸計畫內容應包括哪些資訊，與運輸功能因素有密切的關係。

(五) 運輸計畫與客戶進行協調：運輸計畫的重要作法應與顧客取得一致性的看法，以減少顧客的預期與實際作業可能之落差。

(六) 確定企業之運輸計畫：在與顧客充分協調溝通後，所修正之運輸計畫應成為運輸服務的一部分。

二、運輸計畫的主要內容

正如前述，運輸計畫會因貨物特性、運輸工具種類等相關因素而有所差異，一般而言，較為常見的一般性內容，主要包括運輸工具種類及數量、運輸工具的運輸容量及限制、運輸路線、運輸時程、運輸地點、顧客物流作業型態、顧客特殊需求、最佳選擇方案。

三、運輸規劃的種類

運輸規劃可能從不同角度探討會有不同的種類，但最常被使用的分類方式如下：

(一) 規劃期間運輸計畫：係以未來一定期間已知的運輸需求，進行前置作業的主要計畫，以使得企業能事先對各項需求（如車輛、人員、油料等）預先有所準備及整合，以達成對顧客之要求，最常見是一年的運輸計畫。

(二) 每日運輸計畫：針對一年度的主要計畫，安排每日可能會產生之運輸配置計畫，可能包括運輸工具的調度、人員安排等。

(三) 特殊運輸計畫：企業在非正常或例行性計畫之內未能預估到的運輸活動，在不影響企業營運之下，所採取之應變計畫。

運輸系統規劃

運輸規劃6步驟

1.瞭解運輸計畫目的	例如：穩定性的運輸與及時性的運輸之作法可能有所差異。
2.蒐集運輸活動相關資訊	例如：顧客的年需求量、日需求量、淡旺季的狀況、營運的成長性、運輸工具的種類來源等。

3.設法整合運輸功能相關因素

①貨物：係指運送標的物種類、型態、貨運量、包裝情形等。
②運輸工具：係指依運輸目的地、貨物特性、數量、時間採用不同的運輸工具。
③客戶：係指顧客或託運人。
④運輸人員：因運輸工具不同，對於運輸人員的需求亦有所不同，以陸運而言，包括車輛駕駛員、隨車員。
⑤運輸地點：係指運輸貨物的配運點或貨物需求點，由於運輸地點現況對於運輸工具等因素有相當大的影響，因此不可不加以考量。
⑥運輸路線：係指貨物運輸所經過的路線，可能是空運，可能是海運或陸運，亦可能是三者合一或二者合一的情形。
⑦運輸時間：係指何時裝貨、何時卸貨、何時起運、何時到達卸貨地點，這些因素均與運輸目的有所牽連。

4.運輸計畫草案完成	一般而言，企業應至少提出兩個以上的方案，以進行討論。

5.運輸計畫與客戶協調	6.確定運輸計畫

運輸計畫主要內容 —— 以物流業者為例

主要內容包括運輸工具型態、運輸工具數量、停站數目、運輸工具（尤其是車輛）之最長行駛里程限制、運輸工具容量及載重限制、運輸路線及範圍、運輸時程、顧客的作業面、最後的選擇方案。

運輸規劃3種類

① 規劃期間運輸計畫

② 每日運輸計畫

③ 特殊運輸計畫

Unit **4-3**
運輸型態與複合運輸

　　一般說來，良好的運輸將有效降低經營成本，進而提升公司的市場競爭力。運輸物資的基本方式包括鐵路運輸、公路運輸、水路運輸、管道運輸及航空運輸。

一、貨物運輸之基本型態

　　(一) 公路運輸：其特性包括經營規模可大可小、活動空間具彈性、提供到戶服務、最易經營、路車分離。

　　(二) 鐵路運輸：其特性包括路車不得分離、以列車方式行駛、投入成本過高。

　　(三) 水路運輸：其特性包括可隨時使用自然資源、不受海洋或河流影響、投資規模可大可小、國際市場競爭激烈。

　　(四) 航空運輸：其特性包括飛機及機場並不具一體性、提供長途距離運送、適用範圍廣泛（如商業、旅遊等）、尺寸及重量易受限制。

　　(五) 管道運輸：其特性包括係屬專用運輸、以管道將貨物輸送至相關地點、作業自動化。

二、複合運輸

　　所謂複合運輸就是在運輸過程中，利用兩種以上之運輸工具承運貨物；運費上持用單一費率或聯合計費，並共同負擔運送過程可能發生之風險。

　　(一) 複合運輸之型態：複合運輸隨著搭配運輸工具之不同而產生不同的型態，例如：鐵路、公路、水路、航空之複合運輸。而各種型態的複合運輸雖不一定利用貨櫃完成運輸服務，但隨著貨櫃化的普通使用，此種貨櫃複合運輸服務已為物流業所普遍採用，尤其是國際貿易行為更為常見（大宗物資除外）。

　　(二) 複合運輸之利益：由於複合運輸能產生包括單一運送單據及單一責任、節省能源、安全性較高、提供較佳的服務、減輕公路之負荷、減輕環保壓力、增加運輸效率、降低運輸成本、減少搬運作業時間、節省人力、提高業者競爭力、繁榮當地之經濟建設等許多利益，所以廣泛被企業所採用。

　　(三) 貨櫃複合運輸：貨櫃複合運輸作業方式有五種，即1.直達作業：貨櫃船由裝櫃直接運往卸貨目的港；2.接運作業：大型貨櫃船只來往終點港口，而其間小港之貨櫃則由接運船負責運送至貨櫃集中地（終點港口）裝船；3.陸橋作業：利用海運貨櫃與橫越內陸的鐵路聯合作業，即是鐵路將貨櫃運至港口，再交由貨櫃船將貨物運至目的地；4.迷你陸橋作業：利用貨櫃與橫越內陸之鐵路運輸聯合作業方式，以節省海運航行之距離，由於其作業僅為陸橋作業之一部分，所以稱之為迷你陸橋作業，以及5.空橋作業：空橋作業與陸橋作業在基本運作觀念上大致相同，只是其運用之運輸工具不同；它主要是運用海空聯合運輸作業為主，其間並以卡車作為接運工具。

　　(四) 複合運輸相關配合作業：為達成有效的複合運輸，必須有下列相關工作配合，包括電腦化之運用、轉運中心之發展、路線之安排，以及機具之調度及追蹤。

運輸系統VS.複合運輸

運輸5型態

	優點	缺點
1.公路運輸	①因使用空間小，使用上最具靈活性 ②受地形與氣候之影響較小 ③短程距離之運輸速度較快 ④運送時間較具彈性 ⑤運輸費用較低	①運送量較小 ②安全性低於其他運輸工具 ③人力成本較高
2.鐵路運輸	①運送量大　②受氣候影響較小 ③運費低廉　④行駛速度較為穩定	①投資成本高 ②無法提供小量運輸 ③無法提供到戶服務
3.水路運輸	①運送量大　②調度方便 ③費用低廉　④安全性頗高 ⑤續航力大	①受天氣及港灣地形之影響 ②速度慢 ③可到達地點有限 ④無法提供到戶服務
4.航空運輸	①速度快 ②不受地形影響 ③航向較不受限制 ④用途廣泛	①運費高 ②運送量有限 ③可到達地點有限（須有機場設施） ④受氣候影響頗大 ⑤無法提供到戶服務
5.管道運輸	①運送量大 ②不受氣候影響 ③對於部分工廠可提供到戶服務 ④運費較低	①運送路線受到限制 ②運送速度不快 ③運送管路檢查不易 ④只能運送液體與氣體貨物

什麼是複合運輸？

複合運輸（combined transportation），原則上是一種基於提供運輸效率、降低成本之運輸系統的整合型態。

複合運輸4型態

1.公路之複合運輸 　①公路與鐵路之複合運輸 　②公路與空運之複合運輸 　③公路與水路之複合運輸	2.鐵路複合運輸 　①鐵路與水路複合運輸 　②鐵路與公路複合運輸
3.航空複合運輸 　①空運與公路之複合運輸 　②空運與水路之複合運輸	4.水路複合運輸 　①水路與鐵路複合運輸 　②水路與公路複合運輸 　③水路與水路複合運輸 　④水路與空運複合運輸

複合運輸利益

複合運輸除可能達到提高運輸效率外，又可減少運送時間、降低運輸成本，甚至減少貨物毀損比例。

Unit **4-4**
貨物運輸方式與單位裝載化

　　貨物運輸方式選擇正確與否，攸關運輸成本的變動，故與營運績效有密切關係。

一、貨物運輸方式之選擇

　　(一) 貨物運輸方式選擇的指標：包括1.運送時效性：運輸時效能否符合顧客的需要，是物流業者必須慎重評估的項目；2.運輸成本的高低：運輸成本愈低對顧客愈有利，因此運輸成本的高低成為吸引顧客最重要的一項指標；3.運輸的安全性：貨物若無法安全運送到家，則其他一切優點將前功盡棄，不僅須賠償顧客損失，更可能永遠失去該名顧客；4.運輸的可及性：運輸工具必須能有效到達顧客指定的目的地，如果選擇的運輸方式無法達到此要求條件，則表示運輸任務未能真正完成；5.運輸的效率性：選擇不同運輸方式對運輸效率將產生不同的結果，若運輸效率高，則不僅能節省運輸作業時間，甚至能促使運輸成本下降，以及6.運輸的服務品質：運輸方式若愈能提高運輸服務品質，則愈值得企業採用。

　　(二) 貨物運輸的選擇方法：主要有成本法與指標法兩種。成本法是企業依據運輸成本決定其貨物的運輸方式，也就是在運輸工具的選擇與搭配上，係以其運輸成本最低為原則，並參考其他相關因素，例如：運輸的準時性、可及性及服務品質等。雖然運輸成本是企業在選擇運輸方式時最常使用的方法，但是實際上仍必須考慮在運輸過程可能產生影響的相關因素，包括產品特性、市場特性等，此方法即是指標法。

二、單位裝載化之作法

　　(一) 單位裝載化種類及規格：單位裝載化係將一般的小件貨物予以匯集，至達到一定重量或體積後，以配合棧板或貨櫃使用，並加速運輸的一貫運送方式。使用貨盤的單位裝載化，稱為棧板化（palletization）；使用貨櫃之單位裝櫃之單位裝載化，稱為貨櫃化（containerization），兩者均為單位裝載系統，目前因拆裝作業的問題，大多以貨櫃為之。貨櫃之種類有密封貨櫃（rigid container）、液體貨櫃（tank container）、冷藏貨櫃（refrigerated container）、開頂貨櫃（open top container）、散裝貨櫃（bulk container）五種。而貨櫃規格在全球已標準化，均以國際標準化組織（ISO）運輸貨櫃專門委員會制定之標準作為規範。

　　(二) 單位裝載化之作法：單位裝載之託運有整櫃裝卸與拼櫃裝卸兩種方式。這兩種託運方式，將產生四種不同作業方式：第一種，拼裝／分拆（CFS/CFS）：船方負責裝櫃、拆櫃；第二種，拼裝／整拆（CFS/CY）：船方負責裝櫃、貨方負責拆櫃；第三種，整裝／整拆（CY/CY）：貨方負責裝櫃、拆櫃；第四種，整裝／分拆（CY/CFS）：貨方負責裝櫃、船方負責拆櫃。

　　(三) 單位裝載之配合設施：主要包括貨櫃碼頭、貨櫃堆積場（marshalling yard, MY）、貨櫃儲存場（container yard, CY）、貨櫃處理集散站（container freight station, CFS）四種。

貨物運輸方式與單位裝載化

貨物運輸方式選擇

選擇指標
1. 運送時效性
2. 運輸成本高低
3. 運輸安全性
4. 運輸可及性
5. 運輸效率性
6. 運輸服務品質

選擇方法
1. 成本法
2. 指標法

單位裝載化

優點
1. 裝卸時間可以縮短
2. 貨物運送較為安全
3. 節省包裝及倉儲費

貨櫃種類
1. 密封貨櫃：長方形，不能摺疊，且有耐水薄板，可用為裝載雜貨。
2. 液體貨櫃：橢圓形貨櫃，並有底皮固定。
3. 冷藏貨櫃：形式與密封貨櫃相同，但內壁與外壁中間安置防熱材料，並設有冷凍機的裝置。
4. 開頂貨櫃：頂部敞開，一端設門，或其上另設有帆布蓋之貨櫃。
5. 散裝貨櫃：係以裝載穀類雜糧等散裝貨，其頂部或側面設有裝卸出口。

貨櫃規格
1. 海上運輸之國際標準貨櫃長度分為10呎、20呎、30呎、40呎（其中以20呎及40呎者為多），寬度及高度均為8呎。
2. 世界上大部分海運國家均採標準規格，如日本、歐洲各國皆然。但其中美國海陸公司為貨櫃使用之先驅者，均採其他不同規格。

單位裝載託運作法
1. 整櫃裝卸：係由託運人負責報關、裝櫃、封櫃，並運至船方之貨櫃堆積場，以便裝船；或由收貨人自行將到達之整櫃拖至其自有倉庫拆櫃、報關、點貨。貨方負責貨物之包裝及理貨。
2. 拼櫃裝卸：託運人貨物不足一個貨櫃時，須將貨物運至船方貨櫃集散站、報關站，再交由船方與其他託運貨物合併裝櫃；卸貨時亦同。即是由船方負責貨櫃集散站之裝櫃、拆櫃。

單位裝載之配合設施
1. 貨櫃碼頭：一般一個貨櫃碼頭長度為200～300公尺，水深為11～14公尺，岸肩上設有貨櫃起重機，配合跨載機或拖車進行貨櫃裝卸作業。
2. 貨櫃堆積場：凡貨櫃等待裝船或由船上卸下之貨櫃，均可堆積在貨櫃堆積場，一般大約為5～6公頃。
3. 貨櫃儲存場：作為整櫃貨物之儲存及通關、空櫃之存放。
4. 貨櫃處理集散站：處理拼裝貨櫃之裝拆、儲存、通關，同時亦處理整裝貨櫃之儲存及通關。

Unit 4-5
個案　DHL：布滿溫控器的列車

德國DHL全球貨運物流亞太區行政總裁梁啟元對《環球企業家》說道：「除了一些對溫度要求特別高的疫苗類產品，其他貨品大多可以運送」。即是DHL新近推出的鐵路運輸溫控方案，通過其自主研發的柴油電動冷藏貨櫃，運送全程及全年均可提供-25℃至25℃的溫控環境。

以往提到鐵路貨運想到的，可能是運送煤炭、木材和原油等大宗商品。因長距離的鐵路運輸面臨外部環境溫度的變化，除對溫度要求不太高的大宗商品，其他產品從中國出口到歐洲時，會更多選擇空運或者海運。但空運太貴，海運又太慢。

此方案運用在DHL目前營運的兩條中歐鐵路線上，一條是從滿洲里穿越西伯利亞的北部通道，而另一條則是藉助去年新開通的蓉歐快鐵，從成都經新疆阿拉山口出關，穿越中亞最終抵達波蘭的西部通道。

DHL全球貨運中國區首席執行長黃國哲，目前則是大力向客戶推介此溫控方案，因中國的日用品、服裝、電子類產品和零配件等可由此運送到歐洲。反之，歐洲的法國紅酒、波蘭肉類製品等長期只能通過海運運抵中國的貨品，也可通過這條能夠提供更好溫控的鐵路線運送。

對DHL而言，中歐鐵路運輸路線雖然時效不如空運，但成本能更穩定地控制。蓉歐快鐵目前的平均運送時間為14.6日，在DHL目前營運的四條亞歐鐵路線中是最快的。從成本上來講，由於空運和海運近年來受到石油價格波動的影響，鐵路運輸相較於空運能夠節省成本八成以上，與海運的成本相比則要視各階段石油價格、運送目的地不同而異，但時間上顯然比海運動輒35至40日節省了很多時間。從二氧化碳排放量上，鐵路運輸也要比空運和海運節能環保。

但DHL另一個難題是鐵路並不能像空運和海運那樣很好地實現全程溫控。這也是為什麼洲際鐵路運輸長期以來運送貨物品種比較單一的主要原因。經過一年多的研發，以柴油機為動力源的思路被確定並研發出來。我們準備了一些45呎的集裝箱，容量和40呎的集裝箱是一樣的，另外的5呎空間安裝了柴油發電機和油箱。這是一個自給自足、可以控制溫度的車廂，不需要插電。這種以鋁合金及高強鋼鐵製成的輕量貨櫃集裝箱，可以實現內部溫度的控制、跟蹤和遠程管理，適用於所有熱敏型貨物，例如：易腐壞食物、電子產品、醫藥用品及汽車零部件等。

黃國哲說，DHL的蓉歐快鐵服務採用了「鐵路幹線運輸」與「公路運輸、終端配送」相結合的多種聯運方式，可在中國的任何地點取貨，經由波蘭馬拉舍維奇的樞紐抵達歐洲，並通過DHL歐洲的網絡，用卡車或鐵路實現進一步的運輸和配送。

開通半年來，各式各樣的產品通過蓉歐快鐵駛往歐洲，占比最多的是機械產

品等。隨著德國、瑞典車廠設立於成都，以及德國BMW等汽車零組件在西南地區設置發貨中心，汽車零配件也成為「蓉歐快鐵」主要的回程貨物。DHL現在率先推出這個溫控方案，係以蓉歐快鐵為代表的中歐鐵路運輸大力發展之際，爭取更多客戶。

2013年5月，DHL在四川成都投資建設倉儲配送基地，及數據管理、電子商務、金融物流等於一體的DHL西部物流運營總部和結算中心，該配送中心將是DHL在中國最大規模的一個配送中心。

資料來源

伊西科，DHL鐵路運輸溫控方案，環球企業家，2014年3月22日，www.10000link.com。

個案情境說明

DHL的鐵路運輸方案，係透過自主研發的柴油電動冷藏貨櫃，運送全程及全年可提供−25℃至25℃的溫控環境。

DHL目前將溫控運輸方案用於蓉歐快鐵等兩條鐵路運輸線。	目前中國日用品、電子產品及零組件可由此運送至歐洲，而法國紅酒等則可運抵中國。	中歐鐵路運輸時效雖不及空運，但成本更能穩定控制，且較符合環保要求。

動動腦

◎從19世紀初鐵路誕生起，鐵路貨運便開始存在，為何遲至現在才由DHL此種第三方公司推出溫控運輸方案？請說明其理由。

◎DHL在四川成都設立倉儲配送基地，及數據管理、電子商務、金融物流等於一體的DHL西部物流營運總部和結算中心，您認為未來此溫控運輸方案是否可使DHL有效掌握中歐間的陸運商機？請評論之。

Unit **4-6**
個案　海爾大件配送進入本地社區

　　面對互聯網的顛覆，傳統行業該何去何從？海爾張瑞敏在思考海爾如何建立一種全新的擺脫價格戰，給用戶提供真正價值的商業模式？

　　他的作法是與日日順物流公司合作，透過大件物流的運作切入社區O2O（即線上購買帶動線下經營和線下消費），和用戶進行頻繁交往，打造社區綜合服務平臺。

　　或許日日順是張瑞敏夢想中的「下一個海爾」。在若干年前，當他去思考海爾如何面對互聯網的顛覆，以及如何建立一種全新的擺脫價格戰，給用戶提供真正價值的商業模式時，他的首選並不是自己十分強勢的傳統家電業務。因為阿里巴巴已經通過電子商務控制支付環節，我們不可能再超越，唯一有可能的就是交付。

　　日日順物流公司總經理王正剛說：「大件物流的交付第一是送到，第二是提供安裝服務，安裝時快則20分鐘，長則要1個多小時，這是很好的跟用戶交流的機會，其他哪個公司有這樣的機會和平臺？」

　　海爾能有效率地接觸到用戶只有日日順。線下的零售通路正在萎縮，家電廠商自營電子商務也被無數次地驗證為一種不可靠的商業模式，日日順反而成了海爾目標客戶唯一的機會。

　　因此，改造後的日日順在一開始就提出了諸如「24小時限時達，配送訂單超時則免單」這樣服務。截至2013年7月，在配送出的48萬單中，免單共計87次。

　　在2010年10月收購海爾物流的全部股份時，日日順公布的數據是超過9,000個縣級分銷商，約3萬個鄉鎮級網點和約13萬個村級服務站，覆蓋率超過90%。它在全國已經擁有了9個發運基地，90個物流配送中心，倉儲面積達到200萬平方公尺以上，而且它還在2,800多個縣建立了物流配送站和17,000多家服務商網點。

　　張瑞敏認為日日順應該是一個平臺，也就是說，使用這些基礎服務的不應該只是海爾。通過上門服務得到的用戶消費和需求數據正在變得愈來愈有價值，而平臺能更有效地讓日日順拿到這些數據，日日順非海爾業務的比重在2013年達到40%左右，在三年內，將該比例提高到60%。

　　海爾在山東膠州設立了一個樣板工程，其主要目的就是驗證「車小微」模式是否可行。他們在那裡部署了19輛經過改裝的運貨車，車上裝了GPS定位系統、POS機，還有定製的平板電腦。每輛車就相當於是一個小微公司，它與後臺的數據庫連接，既能完成貨物的配送，還能現場給客戶展示海爾的各種服務。「這就是個智能終端。」周雲傑說，「理想狀況下，你下單之後半小時之內，我們就會上門安裝。因為後臺可以迅速地查到哪輛車上有哪款產品，然後就可以直接配送。也就是說，在你下單的同時，你的貨物已經在路上了，它沒有在倉庫裡。這

是多大的用戶體驗？」未來他們能提供的後續服務已經開始延伸，除了家電外，包括家具、家裝、家飾、家庭飲水、家庭育兒等五個領域都在布局。海爾有北京大部分小區的飲用水數據，當這些配送員能夠根據客戶所在的小區制定出特定的飲用水解決方案時，並沒有多少人會拒絕這種服務形式。

資料來源

網易財經，海爾日日順：以大件配送切入本地社區O2O，2014.03.09。

個案情境說明

日日順是海爾集團旗下，一個虛實結合的物聯網融合平臺。在「虛網」方面，日日順搭建了日日順家居網，為用戶提供從交互設計到交易，再到交付安裝的全流程家居體驗服務，滿足了用戶多樣化、個性化的需求，成為家居電商O2O模式的創新者和引領者。	在「實網」方面，日日順依託物流、服務優勢，在業內創新性提出「按約送達、送裝同步、超時免單」等差異化服務，打造虛實融合的全流程用戶體驗驅動的競爭力。憑藉四網融合的差異化優勢，還吸引了亞馬遜、淘寶天貓、京東、易訊等300家企業前來合作，品牌影響力快速放大。	海爾集團與中信銀行合作供應鏈網路金融，日日順的網點系統和資訊系統為供應鏈網路金融落地提供了場景，平臺價值將進一步突顯。而對作為母公司的海爾集團而言，此舉有望藉助銀行外部力量解決供應鏈內部的資金需求，降低自身財務風險。

動動腦

◎面對互聯網的顛覆，傳統行業應何去何從？海爾張瑞敏在思考海爾如何建立一種全新的擺脫價格戰，給用戶提供真正價值的商業模式。請您評論海爾目前的作法。

◎您認為海爾透過日日順公司將家電後續服務延伸至家具、家裝、家飾、家庭飲水、家庭育兒等五個領域，背後仍須考量哪些問題？請從員工訓練、企業文化等相關方面進行思考。

第 **5** 章
物流之資訊管理

 章節體系架構 ▼

Unit 5-1　個案　支援電商需求的倉儲管理系統設計

Unit 5-2　物流資訊系統之建立與資料投入

Unit 5-3　物流資料之分析與產出

Unit 5-4　條碼系統管理──條碼種類

Unit 5-5　條碼系統管理──商品條碼與EAN條碼

Unit 5-6　POS系統

Unit 5-7　POS系統之導入步驟與效益

Unit 5-8　RFID系統

Unit 5-9　物流電子化──準備階段

Unit 5-10　物流電子化──評估階段

Unit 5-11　物流電子化──規劃階段

Unit 5-12　物流電子化──建置階段

Unit 5-13　個案　中鋼公司電子商務系統

Unit 5-14　個案　台積電虛擬工廠

Unit **5-1**
個案　支援電商需求的倉儲管理系統設計

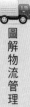

圖解物流管理

電商的運作是相當快速，欲追蹤與安排事項很多，從電商訂單至物流中心，到最後揀貨處理完畢、派車出貨，均需靠物流中心的倉儲管理系統（WMS）進行整體管控。

電商訂單的基本結構並不複雜，複雜的是每家電商平臺的訂單格式不盡然一樣，且對於訂單處理、取消處理、退貨處理、配送時效、發票開立等需求亦不相同，物流中心則須運用一套倉儲管理系統，解決各式各樣之訂單需求。

大部分倉儲管理系統都是依顧客需要設計，在原系統上加上新需求。它雖具備功能且滿足需求，卻容易造成資訊系統運作的瓶頸；在面對新電商需求時，又不斷要求修改系統與底層資料結構，造成資料數據的不一致或是庫存銷帳的問題。

現有的WMS系統，常見問題大致可歸納如下：

1. WMS系統前端必須承接不同格式的來源訂單，光是WMS系統要能與新的電商平臺對接整合，大概需耗時2-3周。

2. 直接根據使用者需求修改程式，造成各程式間的關聯度低，同樣功能的程式碼在不同程式間發生，可能導致偵錯與維護困難。

3. 由於料、帳有多個程式存取點，導致物流系統的料、帳經常出現問題。

4. 資料表可能隨著需求增加而等比例增加，導致功能愈多，系統負荷愈重，後續的系統維護愈來愈困難。

5. 很難精準、即時掌握訂單處理的距離、時間、成本，導致物流系統無法累積改善的知識。

6. 使用者需自行從物流系統調閱相關資料後，再整理出自己所需報表。

7. 物流系統難以作出成本攤提的效果，以致無法得知訂單真實作業成本，不能作為進一步改善之依據。

因此WMS在設計時，應從最基本的物流工作進行思考。任何複雜的物流作業均由基本物流工作組裝形成，若能使系統瞭解這些基本物流工作（主要是在於拆解出物流中心各種作業的最基本動作），以便進行流程或是系統規劃時，可以利用這些基本作業進行組裝。

資料來源

大數據運籌股份有限公司，林沛傑，《物流技術與戰略》，第77期，2015年10月。

個案情境說明

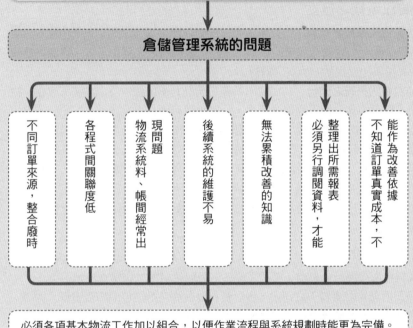

大部分倉儲管理系統都依顧客需求設計，
在原系統上加上新需求，造成資訊系統運作的瓶頸。

倉儲管理系統的問題

不同訂單來源，整合廢時

各程式間關聯度低

現問題
物流系統料、帳間經常出

後續系統的維護不易

無法累積改善的知識

整理出所需報表
必須另行調閱資料，才能

能作為改善依據
不知道訂單真實成本，不

必須各項基本物流工作加以組合，以便作業流程與系統規劃時能更為完備。

 動動腦

◎請問貴公司在進行WMS設計時，應秉持何種態度，避免未來修正程式的負擔？

Unit 5-2
物流資訊系統之建立與資料投入

物流資訊的來源包括內在及外在，內在資訊包括公司會計資訊、企業政策、經營理念等；外部資訊包括各種運輸工具的成本效益資訊及可行性分析、倉庫區位選擇、目標市場位置等。

物流資訊系統通常具備某些功能，包括傳送功能、儲存功能、決策功能。也就是它能將顧客訂單傳送至各相關部門或單位，供作分析的來源，作為決策者進行決策之參考。

一、物流資訊系統之建立

(一) 物流資訊系統之規劃：物流資訊系統規劃時應考量的原則，包括物流資訊系統之策略目標、配合公司營業計畫的目標、確認組織與管理之運作方式、物流作業流程的瞭解、專業人才之提供、經費之取得。

(二) 物流資訊系統之開發：物流資訊系統之開發必須依據內部本身決策流程、物流作業方式、需求的急迫性等因素決定之，一般大致可考慮下列作法：1.先行確定規劃原則；2.作出詳細的規劃流程；3.蒐集相關法令及作業規範；4.分析資料輸出輸入之間的關係；5.依據分析內容作為未來使用或管理績效之參考；6.剖析新系統的資訊需求與現況有何差異？蒐集資料困難度如何？若欲取得更多、更新的資訊，須投入多少人力、物力、時間？兩者相較，是否符合效益；7.不斷與系統使用者溝通；8.儘速提出操作的初步內容，讓使用者具有信心，以及9.不斷進行修正或調整，以便符合現行環境之需。

二、物流資料之投入

物流資料仕投入進行分析前，必須先經各方面取得相關之資料來源如下：

(一) 公司內部會計資料：公司內部會計資料隱藏許多具價值的物流資料，例如：各項相關物流成本。物流成本包括了倉儲成本、運輸成本兩大項外，尚須考慮包裝成本、物料或貨物搬運成本、商品短缺及損壞的成本、分擔的管理費等項目。公司可透過此項資料思考如何降低公司的營運成本。

(二) 公司內部訂單資料：顧客訂單中之顧客貨物的運送日期、貨物項目、受貨人所處位置、貨物重量及體積、顧客信用狀況、付款方式或條件等內容，均應列為企業物流資訊系統的重要項目。

(三) 公開發行出版資料：許多政府部門、學術界、企業界出版的次級資料，常可成為物流資料的來源，可提供許多有關儲運技術、儲運方法、儲運成本、管制等相關資訊。

(四) 經驗及判斷資料：公司的管理人員、銷售人員、司機，甚至公司顧問、顧客、受貨人等對公司儲運活動的相關建議或判斷，亦可作為儲運資料的一部分。

物流資訊系統之建立與資料投入

物流資訊系統如何建立？

物流資訊系統之規劃

1. 物流資訊系統之策略目標
2. 配合公司營業計畫的目標
3. 確認組織與管理之運作方式
4. 物流作業流程的瞭解
5. 專業人才之提供
6. 經費之取得

+

物流資訊系統之開發

1. 先行確定規劃原則
2. 作出詳細的規劃流程
3. 蒐集相關法令及作業規範
4. 分析資料輸出輸入之間的關係
5. 依據分析內容作為未來使用或管理績效之參考
6. 剖析新系統的資訊需求與現況有何差異及蒐集資料之難易度，並比較何者較具效益
7. 不斷與系統使用者溝通
8. 儘速提出操作的初步內容，讓使用者具有信心
9. 不斷進行修正或調整，以便符合現行環境之需

物流資料之投入

1.公司內部會計資料

2.公司內部訂單資料

物流資料之投入

3.公開發行出版資料

4.經驗及判斷資料

Unit **5-3**
物流資料之分析與產出

物流資料要如何取得並轉成有用的資訊，以提供給管理者決策之參考，其中就在於是否做好整理與精準分析。

一、物流資料之傳遞

物流資料之傳送方式隨著科技進步，其種類愈來愈為複雜，最常見的種類包括面對面溝通、郵件傳遞、電話聯絡、傳真、電傳視訊、網際網路。

業者在選擇物流資料傳送方式時，至少須考慮傳送工具的傳送速度快慢、成本高低、可靠性大小、保密性程度等。

二、物流資料之整理與分析

任何物流資料取得後，必須經過整理及分析的步驟，始能轉化成較易瞭解的內容及具參考性價值的資訊。

(一) 基本物流資料的整理：企業取得基本物流資料後，下一個步驟必須進行整理及統計分析的工作。整理的工作複雜且易發生錯誤，但卻是相當重要的基礎工作。

(二) 支援決策分析：物流資料經整理分析後，分析人員有必要將之轉化或更正為代表的涵義。目前最常見的模式包括：

1.運算模式（algorithmic model）：此種模式包括數學規劃、微積分模式等，例如：可使用於貨物存量的控制。

2.模擬模式（simulation model）：利用模擬模式的項目，包括運輸路線選擇等。

3.啟發模式（heuristic model）：利用上述兩種模式綜合性方式，例如：倉庫地點的選擇、航空運輸之排程表、地區性卡車送貨排程表等。

三、物流資訊之產出

物流資訊經分析所得到之結果，可區分為物流資訊報告及物流業務報告兩種。

(一) 物流資訊報告

1.摘要報告：摘要報告是最常提供給決策者的資訊，因為它能將相關物流資訊加以綜合性、概要性的顯現，例如：物流成本結構的比較等。

2.狀況報告：狀況報告在於顯示物流作業過程中相關訊息的報告，如訂單日期、運輸工具等。

3.例外報告：物流作業相當複雜，當交通運輸與現況有所出入時，公司必須準備例外處理方式。

4.支援決策模式的分析報告：利用支援決策模式的分析得到之結果，提出綜合性可供參考之決策資訊。

(二) 物流業務報告：物流業務報告係就物流活動執行結果加以顯示的內容，例如：接受訂單的情形、車輛運送路線及順序等。

物流資料之分析與產出

物流資料分析

⬇

物流資料傳遞

| 1.面對面溝通 | 2.郵件傳遞 | 3.電話聯絡 |
| 4.傳真 | 5.電傳視訊 | 6.網際網路 |

⬇

基本物流資料之整理

企業取得基本物流資料後,即必須進行整理及統計分析的工作。

⬇

支援決策分析

最常用的3模式

| 1.運算模式 | 2.模擬模式 | 3.啟發模式 |

物流資訊產出

1.物流資訊報告

① 摘要報告

② 狀況報告

③ 例外報告

④ 支援決策模式

之分析報告

2.物流業務報告

物流活動執行結果

Unit **5-4**
條碼系統管理──條碼種類

圖解物流管理

條碼是一種簡易自動辨識的符號，透過相關的自動化設備，在光學設備的自動閱讀下，可簡化貨品之追蹤、監控、管制、抄錄的作業，且使得上述各相關作業之錯誤率降至最低點。

一、條碼種類

所謂條碼係在平面物體上製作能構成光學上反射之條、點、塊狀之圖形，依規定之編碼原則及符號印製標準，將文字、數字的意義在光學讀碼機掃描及辨識、解碼下，真正將原始意義加以顯現。

經濟部商業司對條碼的定義為：所謂條碼，就是將商品的編碼數字，改成平行線符號替代，以使能讓裝有掃描之機器閱讀，經過電腦解碼，將線條符號的號碼轉變為數字號碼，再由電腦去處理。

一般而言，條碼的種類依其使用性分為兩大體系，一是國際通用的EAN商品條碼體系，適用於上、中、下游共同使用，包括商品條碼、配銷條碼、EAN-128碼。二是企業內部使用的條碼，包括ITF、Code 3 of 9、Codebar/NW-7、Code 128。

二、EAN國際標準條碼體系

(一) EAN條碼介紹：EAN條碼已是全球通用之條碼體系，在一定之編碼原則及符號印製的標準下，使條碼之應用達到標準化及普通化、共同化，它不但適用於企業內部使用，亦適用產業間上、中、下游之互通。可分為商品條碼、配銷條碼、EAN-128條碼三種類型，茲說明如右。

(二) EAN條碼之特性：主要有四種特性，包括1.商品不同，號碼就不會相同；2.商品條碼具國際性，可在全球之進出口中通行無阻；3.企業在自產商品編號時，若號碼數量足夠使用時，則可在規定範圍內自由設定商品代碼；4.條碼符號在讀取時，不受方向限制，以及5.可利用原有商品的包裝加印條碼，簡便且成本低廉。

(三) 條碼普遍使用的原因：主要有四種原因，包括1.大量、多樣化之生產及銷售方式，造成商品種類多且雜；2.業態多變化且業種不斷整合，造成商品通路之激烈變化；3.由於人工成本高，使得市場競爭愈來愈為激烈，以及4.電腦與通訊技術的發展，使得利用自動化達成商品辨識的目的容易達成。

(四) EAN條碼之推廣組織

1.國際商品條碼協會（International Article Numbering Association, IANA）：此組織成立於1977年，初期以歐洲國家為主，但目前已成為世界性組織。

2.UPC碼系統（Universal Product Code）：美國在1973年開始推行，迅速在美加地區普遍使用。由於EAN國際化，使得UPC與EAN得以相容。

(五) 使用商品條碼之效益：分別以製造商、消費者、物流業者或批發業者、零售業者四種面向說明如右。

條碼種類與國際標準體系

條碼2種類

1.EAN商品條碼

① 商品條碼：EAN-13與EAN-8

② 配銷條碼：DUN-14與DUN-16

③ EAN-128碼

2.企業內部使用條碼

① ITF（Interleaved Two of Five）：交錯式二五碼

② Code 3 of 9：三九碼

③ Codebar/NW-7

④ Code 128

EAN國際標準條碼體系

EAN條碼介紹

1.商品條碼	我們在商場上常見之商品條碼，包括EAN-13及EAN-8兩種編碼類型，常運用於一般商品，其號碼的組成原則在區別單項商品。
2.配銷條碼	主要是運用在商品物流過程中之識別符號，包括DUN-14、DUN-16或外加擴大碼，它常印製在瓦楞箱上，作為辨識商品種類及數量。
3.EAN-128條碼	係根據EAN/UCC-128碼定義標準，將資料轉變成條碼符號，並採用編碼之完整性、連結性、高信賴性之特性，可在物流配銷過程，將生產日期、有效日期、重量、容量、運送容器、序號等重要資訊進行自動化監控。

使用商品條碼之效益

1.以製造商而言	①節省貼標人力及相關成本　②有利於進入國際市場③方便電子訂貨　④有利於企業形象之提高⑤易於生產及配銷掌握　⑥提高庫存管理能力⑦建立穩定之供貨能力　⑧有利於顧客管理⑨有利於生產開發計畫之擬定
2.以消費者而言	①結帳速度快　②發票明示購物金額及內容，方便核對③收銀員作業容易④不易遇到暢銷品缺貨或誤買滯銷庫存品
3.以物流業者或批發業者而言	①節省大量作業人力②能即時、正確地處理訂貨、發貨、送貨③正確掌握存貨狀況，避免資金積壓④便於顧客管理⑤快速反應市場需求
4.以零售業者而言	①避免員工作業錯誤　②加速結帳速度　③提高服務品質④便於庫存管理　⑤防止員工舞弊　⑥能迅速獲得商情⑦方便商品陳列管理

Unit **5-5**

條碼系統管理──商品條碼與EAN條碼

商品條碼就是將商品的編碼數字，改為平行線條的符號代替，以便使掃描器能在閱讀及解碼後，將線條符號轉為數字號碼。它與EAN條碼有何不同呢？

一、商品條碼

商品條碼主要印在零售包裝上作為商品製造、批發、銷售的一連串作業過程的自動化管理符號，可區分成EAN-13（標準碼）與EAN-8（縮短碼）兩種編碼型態。標準碼通常應用於一般商品上，由13個數字組成。縮短碼係應用於面積小於120平方公分或印刷面積不足印上標準碼的商品，由8個數字組成。

而商品代號則是由申請廠商依照商品的單位自由設定，但有其一定的基本設定原則可資遵循。至於商品條碼符號的設計及其印刷位置的決定，也有其應注意的事項及原則，茲將其整理如右，以資參考。

二、配銷條碼

配銷條碼符號是以製造商、批發商、零售商為主，使用於配送、包裝、裝卸、倉儲等配銷作業。

(一) 配銷條碼的編碼標準：配銷條碼的基本架構為原印條碼，當同一零售商品的包裝數量，或同一配送包裝有不同包裝數量組合時，則須以配銷識別碼辨識，兩者關係即是商品條碼之檢核碼加上配銷識別號碼後，計算可得商品配銷條碼。

(二) 配銷條碼之印製作業：首先，在條碼符號設計方面，應考慮包括儘量保留保護框，以確保印刷品質良好；安全空間的預留，左右各10碼元；利用標準尺寸以上的倍率；年／月／日戳記和價格標示，不可蓋住條碼符號，以及原印刷品質不佳者應使用黏貼式條碼標籤等因素。再來，就是印刷位置的考慮，包括印刷位置應予固定、紙箱的四個垂直面為最佳印刷位置、最好符合國際統一規定的位置。

三、EAN-128條碼

由於上述兩種條碼之號碼皆不含資訊的ID號碼，若欲將生產日期、有效日期、運送容器序號、重量、送出及送達位址等重要資訊，以掃描輸入方式達到自動控制的目的，則可使用EAN-128碼，將上述相關資訊條碼化。而其編碼原則是依據EAN／UCC-128碼定義標準將資料轉變成條碼符號，並以不同應用識別碼作為辨識之用。

四、QR Code

QR Code是二維條碼之一，在1994年由日本DENSO WAVE公司發明，QR即是「quick response」。QR碼是目前日本最流行的二維空間條碼，在臺灣由中華電信公司引進後亦逐漸流行。尤其QR碼已應用在具相機功能的行動電話上，加上QR碼讀取軟體，為消費者帶來更多、更廣泛的應用。

商品條碼與EAN條碼

2種類

1. EAN-13（標準碼）→應用於一般商品上，由13個數字組成。
2. EAN-8（縮短碼）→應用於印刷面積不足的商品，由8個數字組成。

印製作業流程

1. 申請廠商號碼 → 2.設定商品號碼 → 3.計算檢核碼（商品資料應寄回商品條碼策進會）→ 4.設計符號 → 5.決定印刷位置、顏色、倍率 → 6.試印 → 7.檢測 → 8.正式印刷 → 9.包裝商品 → 10.出貨 → 11.商品進貨檢測 → 12.陳列銷售

編號標準

1. 食品、雜貨類。　2.衣料、服裝類。　3.新上市商品用新號碼。
4. 已編號碼之舊商品，在包裝或容量改變時，重新設定新號碼。
5. 促銷品在折扣時，可沿用原有商品代號，若重新組合或成套出售，則另外編定新條碼。

印製作業

商品條碼

條碼符號設計7注意事項
1. 符號面積大小的問題。
2. 日期戳記和價格標示。
3. 黏貼式條碼標籤必須在黏貼時，注意不易破損或脫落。
4. 安全空間之保留，即是條碼位置應與包裝邊緣保持一定距離。
5. 連續性包裝應注意條碼位置在單一包裝紙的中央部位。
6. 避免在蓋子上印貼標籤。
7. 條碼擺向必須加以考量。

印刷位置決定4原則
1. 避免會破壞商品形象及增加印刷成本。
2. 結帳時掃描是否方便。
3. 選擇之位置是否會使印刷作業困難度提高。
4. 考慮掃描極限距離及曲度。

配銷條碼之應用

1. 條碼應用場合包括自動卸貨、分類、揀貨、進出貨自動登錄與傳輸、訂單收貨作業。
2. 零售店以配送包裝單位作為銷售單位時，可利用外箱之配銷條碼掃描結帳。

EAN-128條碼

EAN-128條碼應用

1. EAN-128條碼之應用範圍愈來愈廣，從製造業之物流流程控制，到倉儲管理、車輛調配等均可使用。尤其隨網際網路的發展，其應用效益更為明顯。
2. 應用識別碼係以不同識別碼代表不同資訊，內容極為重要，不可隨便使用，否則會造成嚴重的問題。

QR Code之編碼標準

日本QR碼的標準JIS X0501在1999年1月發布，對應的ISO國際ISO/IEC18004則在2000年6月獲批准。QR碼是開放標準，由DENSO WAVE公司持有專利權，但不會執行。QR碼比普通條碼可儲存更多資料，亦無需像普通條碼在掃描時需直線對準掃描器。QR碼是正方型，只有黑白兩色，在三個角落，印有較小，像「回」字的正方圖案。這三個圖案是幫助解碼軟體定位的圖案，使用者不需對準，無論以任何角度掃描，資料仍可正確讀取。

Unit 5-6
POS系統

所謂POS系統,即為point of sales的簡稱,中文翻譯一般稱為銷售點管理系統。

一、什麼是POS系統?

從狹義來看,所謂POS系統,可能只是利用收銀機協助賣場管理的自動化作業;但廣義上則是利用收銀機、光學自動讀取設備,以達到管理整個商店的資訊系統(包括銷售時點系統及訂貨時點系統)。因此若商品的貨號價格等相關資料,透過傳輸線路送至收銀機,經由掃描器,可將每筆銷售出去的資料,詳細、逐一的送回電腦,這些資料經由分析後,可獲得許多資訊,作為經營管理上之參考。

二、POS系統的架構

(一) 硬體設備:包括前臺及後臺作業的硬體設備。

1.前臺系統:前臺(即是指服務生或櫃檯)的硬體設備。除桌、椅設備外,主要的POS系統硬體設備包括收銀機、條碼掃描器等部分。

收銀機是POS系統中前臺系統最重要的設備之一,目前銷售的類型、功能有不少的差異,包括傳統的收銀機、功能提升型傳統收銀機、標準型的POS收銀機、個人電腦結合的收銀機等四種不同類型,茲說明如右。

而條碼掃描器則是讀取條碼的光學閱讀設備,主要目的在於讀取產品包裝外之條碼,避免人工輸入。目前常見的掃描器分為桌上型紅外線條碼掃描器、手握式條碼掃描器、光筆、槍型掃描器,茲說明如右。

2.後臺硬體架構:後臺硬體架構主要能控管商品資料主檔,並提供前臺作業所需之各項功能。其硬體設備主要以檔案伺服器為中心。

3.列表機:包括雷射列表機、矩陣式列表機、噴墨列表機三種類型。

(二) 軟體設備:POS系統之軟體設備在不同行業、不同企業間可能不盡相同,有些由公司自行開發,有些則與POS供應商協助開發,它的功能亦可分為前臺及後臺作業,一般可包括傳輸功能、線上查詢功能、管理報表等。

1.前臺作業之軟體系統:主要為基本收銀作業,一般包括客戶購買明細資料、交易查詢作業、查帳、結帳作業等。此系統主要目的在管理前臺收銀系統之各項作業,以避免人為疏失或錯誤。

2.後臺作業的軟體系統:一般包括基本資料檔、庫存商品管理、銷售統計分析、採購進貨管理、銷售管理系統五大種類,茲說明如右。

三、良好POS系統應有之條件

簡單來說,一個良好POS系統應包含:1.資料能正確的接收;2.POS系統之操作容易,隨時傳授並隨時操作;3.結帳速度快速,不會讓顧客等待太久,以及4.能利用POS系統進行相關的營運分析,例如:銷售狀況分析、存貨控制、採購控制等條件。

POS系統——架構

1.硬體設備

①前臺系統 ── 收銀機 ＋ 條碼掃描器

收銀機4種類型

❶傳統的收銀機：它只能列印發票，提供標準報表等簡易功能，目前大多數的企業已逐漸不使用。

❷功能提升型傳統收銀機：這種類型的收銀機是將資料控制器加入作業中，使其功能略為提高，如此可達到單品分析的作業功能。這種類型收銀機因為只須將傳統收銀機加以改裝，但是改裝後之效果並不是很好。

❸標準型的POS收銀機：此類型的收銀機是因應POS系統所發展出來的機種。它可與後臺電腦系統直接連接在一起，可接受到商品資料、變價資訊、促銷活動等各種資訊，已為一般行業所採用。

❹個人電腦結合的收銀機：此機種最適用於服飾業、超級市場、量販店、精品店，它是將收銀機與個人電腦相結合，且將相關資料顯示在電腦螢幕上。它可在前臺直接修改，而無須等待後臺支援。

條碼掃描器最常見的類型

❶手握式條碼掃描器：體積小，操作容易，價格便宜，但是缺點是容易掉落而損壞、敏感度較低。

❷桌上型紅外線條碼掃描器：它常固定於收銀臺，不易摔落，可直接掃描商品條碼，節省顧客等待結帳的時間。價格較貴，對於體積大的商品有可能遭遇掃描不易的困難。

❸光筆：光筆體積小而靈巧，不過對於條碼印刷因包裝成不規則時，可能無法讀取資料，它常見於平面包裝的商品。

❹槍型掃描器：此型掃描器能掃描之距離較遠，且掃描角度較高，但價格高。

②後臺硬體架構　　③列表機

2.軟體設備

①前臺作業軟體系統 ── 一般包括客戶購買明細資料、交易查詢作業、查帳、結帳作業等。

②後臺作業軟體系統

❶基本資料檔，包括廠商資料管理、商品資料管理、部門資料管理、促銷資料管理、收銀員管理。

❷庫存商品管理，包括單品資料管理、庫存異動作業、盤點作業管理、退貨／報廢管理、安全存量管理。

❸銷售統計分析，包括單品銷售統計分析、部門銷售統計分析、時段銷售統計分析、暢銷商品分析、呆滯商品分析。

❹採購進貨管理，包括採購參數設定、廠商訂單管理、應付帳款作業、進貨驗收管理、貨架資料管理。

❺銷售管理系統，包括銷售管理、應收帳款管理、銷售統計管理。

Unit 5-7

POS系統之導入步驟與效益

POS系統的導入可能各企業作法不盡相同,但大致有其一定步驟可資遵循。

一、導入POS系統之步驟

(一) 規劃階段:包括成立工作小組、先對公司的POS系統之需求進行瞭解、進行導入POS系統之可行性及可能必須考慮的問題、進行成本效益分析,以及設定導入POS系統之步驟。

(二) 設計階段:依照企業本身的需要、內部資源(含資金、銷售性質等),設計一套最適合企業本身使用的POS系統。不過在設計時,有其一定目標需要達成。

(三) 執行階段:包括先由系統分析人員及程式設計人員進行初步的工作,再由銷售人員進行測試。初期應是雙向作業,俟測試沒有問題後,再正式上線。

(四) 評估階段:根據實際的上線結果進行評估,是否目前的POS系統能真正符合企業真正的需要,若有需要再進行修正。

二、POS系統之效益

(一) 從經營管理的角度來看

1.服務品質方面,包括降低櫃檯前的結帳時間,減少顧客等待的不滿情緒;促使結帳之錯誤降至最低;除現金交易方式外,亦可採信用卡方式交易,以方便顧客,以及在自動化的購物環境中,有利於企業形象之提升。

2.降低營運成本方面,包括有利於物流效率的提高、有助於銷售人員作業效率的提升,以及存貨能有效掌握、有利於存貨成本的降低。

3.營運效益方面,包括可以促使採購更為有效率、有助於協助商品計畫之擬定、方便於陳列空間的運用及掌握、可充分掌控營運計畫、有利於營運資金之調度、可增加銷售量、可提高市場競爭力。

(二) 從作業流程角度來看

1.銷售管理方面,包括前臺銷售資料能更快速的傳遞至後臺系統;可利用前臺系統所傳輸的資料進行各項相關的營運分析;透過智慧型收銀機,前臺銷售人員可隨時依顧客需要,向後臺系統查詢相關資訊,以及可透過各項銷售報表的資料,獲得銷售管理所需之資訊。

2.庫存管理方面,包括直接透過螢幕或電腦,可查詢相關資訊;利用安全存量的控制,提高採購的效率;有助於盤點工作之進行;報廢或損耗商品之處理更為容易,以及可利用事先設定的條件,查詢呆滯商品的狀況。

3.前臺收銀作業,包括透過掃描器的輸入,可提高人力作業之效率;減少人力作業之錯誤,以及可配合條碼進行商品分類管理。

4.商情之掌控,包括可利用送貨時效、付款條件、供應品質等資訊,提供營運決策之參考,以及可與後臺管理相結合,利於作業查詢。

POS系統——導入步驟與效益

①成立工作小組
②瞭解公司對POS系統之需求
③考量導入POS系統之可行性
④成本效益分析
⑤設定導入POS系統之步驟

1.規劃階段

要求達到4目標
①簡易化　②標準化
③專業化　④適當化

2.設計階段

①系統分析人員及程式設計人員進行初步工作

③正式上線

測試沒有問題

根據上線結果進行評估，再酌予修正。

3.執行階段

②再由銷售人員進行測試

4.評估階段

POS系統導入步驟

POS系統導入效益

1.從經營管理角度來看
- ①服務品質方面
- ②降低營運成本方面
- ③營運效益方面

2.從作業流程角度來看
- ①銷售管理方面
- ②庫存管理方面
- ③前臺收銀作業
- ④商情之掌控

知識補充站

POS系統的成功關鍵因素

企業如要將POS系統成功導入企業體運作，需要具備以下關鍵因素，包括1.容易操作、使用的工作環境；2.符合成本效益分析之要求；3.需結合產業上、中、下游；4.作業系統安定，且擴充沒有困難；5.軟體廠商的能力及支援性強；6.符合一般的交易習慣；7.商業自動化在企業間愈來愈普通，以及8.獲得大客戶的充分支持。

Unit 5-8
RFID系統

RFID是一種內建無線電技術的晶片,晶片中可記錄一系列資訊,包括產品別、位置、日期等,最大好處是可以提高物品的管理效率。由於目前物品資訊都記錄在條碼上,再以掃描器掃描條碼取得資訊,而RFID只需在一定範圍內感應,便可一次讀取大量資訊。它並非全新技術,但是近年來的有效運用,使得它頗受企業界重視。

一、RFID的基本組成

(一) 標籤:RFID中的任何一個標籤都具有獨一的電子編碼,它附著在物體上標識目標對象。主動或被動的將訊息傳送至讀取器。

(二) 閱讀器:為讀取高頻電磁波傳遞能量與訊號的工具,一般它對電子標籤的辨識速度每秒可達50個訊號以下。它可採用無線或有線方式與應用系統進行聯繫。

(三) 系統應用軟體:RFID系統必須結合各種應用軟體始能真正發揮其功效,常見者包括資料庫管理系統等。

二、RFID與條碼的差異性

未來RFID的使用成本大幅降低,運用技術更為成熟,勢將取代條碼。RFID的優勢在於:1.資料辨讀更為容易:RFID標籤只要在無線電波的範圍內即可傳送訊號,但條碼卻必須在近距離且沒有物體阻擋,始能辨讀;2.資料儲存量大:RFID標籤目前最大容量可達數Megabytes,條碼最多只能達2,000~3,000bytes;3.同時讀取多筆資料:RFID的閱讀器可同時辨讀多筆資料,但條碼只能一次閱讀一筆資料;4.資料可進行更新:RFID標籤可不限次數進行增刪標籤內儲存的資料,但是條碼只要印刷後便不能更改;5.可重複使用:RFID標籤因本身資料可更新,故可重複使用,但條碼則不能重複使用,以及6.具較高安全性:RFID標籤在讀取上有密碼保護,故具較高安全性,但是條碼則無此功能。

三、RFID在物流管理上之應用與面對之問題

RFID雖可充分應用在物流管理中的收貨、揀貨、送貨三方面,節省不少人力與金錢。但也有它的問題,包括:1.單位成本太高:RFID標籤每片成本至少必須降低至5分美元;2.RFID技術標準仍未明確:RFID技術標準未像條碼標準已被全球接受,在其技術標準未明確前,不易被業者普遍接受;3.易受電磁波干擾:RFID系統除很容易受到電磁波干擾外,兩套RFID系統亦會相互干擾;4.RFID不適於在金屬或導電環境下操作:RFID標籤容易受金屬或周遭導電環境的影響,甚至連包裝內的金屬都可能影響到它;5.無法透過液體讀取訊息:RFID標籤與閱讀器之間若有液體分隔,則可能會阻隔電波訊息而無法相互傳遞,以及6.無法區分辨識的能力:由於RFID係以無線電波傳送訊號,所以只要在電磁波的輻射範圍內,即會自動加以辨識,因此可能RFID系統並不必要進行辨識時,卻可能自動進行辨識,增加RFID使用者的困擾。

RFID系統

RFID是什麼？	RFID是利用無線電波來傳送識別資料的系統，也就是利用具有可發射無線訊號晶片的標籤，主動或被動的將訊息傳送至讀取器，接著再由讀取器傳遞至伺服器進行整合。

RFID的優點	RFID由於能與生活或企業運作做結合，因此它具有許多優點： ①縮短貨物揀貨時間　　　②快速進行貨品盤點 ③防止零售業者銷售未經核准的商品 ④提高及時庫存作業能力　⑤縮短商品結帳流程 ⑥有利於保護廠商商標及智慧財產權

RFID之組成

RFID系統至少包括標籤（tag）、閱讀器（reader）、系統應用軟體三大部分：

1.標籤

①**主動標籤**　係指本身具備電力供應設備，可支持其運輸及訊號接收的工作，讀寫距離較遠，故亦稱為有源標籤。

　　　　＋

②**被動標籤**　是透過閱讀器產生的磁場取得工作上所需的能量，使用壽命較長；它比主動標籤更小且更輕，讀寫距離亦較短，故稱為無源標籤。

2.閱讀器　　**3.系統應用軟體**

RFID與條碼之差異

RFID的優勢何在？

1.資料辨讀更為容易　　2.資料儲存量大　　3.同時讀取多筆資料

4.資料可進行更新　　　5.可重複使用　　　6.具較高安全性

RFID在物流管理上之應用

1.收貨方面
RFID可消除繁複的處理程式，可以自動化方式進行檢查，節省貼條碼的時間及減少貼條碼的錯誤，進而提高其收貨處理的正確性。

2.揀貨方面
RFID在揀貨上能減少許多人力負擔。因為揀貨最耗費人力，且最易出現錯誤，故在減少貼標籤及掃描的動作後，自然不必投入太多人力在揀貨上。另外可免除傳統的檢查、查帳作業，有利於物流管理的正確性。

3.送貨方面
使用RFID將使送貨過程中，能獲得即時資訊。

RFID面對之問題

① 單位成本太高	每片成本至少須從現有25～40分美元降低至5分美元。
② FRID技術標準仍未明確	
③ 易受電磁波干擾	例如：電腦螢幕、電燈的電磁波。
④ 不適於在金屬或導電環境下操作	目前技術雖可突破，但必須增加使用成本。
⑤ 無法透過液體讀取訊息	除非增加另一種高功能的標籤，但相對也必須提高成本。
⑥ 無法區分辨識能力	

Unit **5-9**
物流電子化──準備階段

　　物流電子化的基本觀念係在於改變現有的物流作業模式，以新的作業模式，因應環境變遷，進而提升物流的整體績效。然而正因它會同時改變企業內部的作業流程與作業方式，常受組織成員的反抗或抵制。因此企業內部在進行物流電子化時，必須確認高層對物流電子化的需求與對物流電子化的承諾，以塑造組織內部的整體共識。另外，亦須加強對中高階層與專案小組的教育訓練。

一、關鍵因素之探討

　　(一) 組織內部高層的觀點：包括對物流電子化的期待、高層接受組織變革的程度、高層對物流電子化承諾的層次，以及物流電子化專案所要達成的目標。

　　(二) 中階主管與推動小組成員之觀點：包括對組織導入物流電子化可接受的程度、對物流電子化導入之基本觀念、兩者之互動與溝通，以及推動過程的困難之降低與預防。

　　(三) 物流電子化推動小組與其進行方式：包括物流電子化推動小組之組成與成員、物流電子化推動小組之運作模式與權責、物流電子化推動小組必須具備之技能與外界專業人才之協助，以及物流電子化推動小組成員之正確物流電子化觀念的建立。

二、實施方法

　　(一) 確定物流電子化需求：包括1.蒐集企業基本資料；2.訪談高層瞭解企業目前所面對的問題，並確認企業對物流電子化之需求與期望；3.進行物流電子化觀念、作法等之溝通，以及4.瞭解高階主管對進行物流電子化之意願。

　　(二) 建立物流電子化共識：包括1.獲得企業高層的支持與承諾：因為牽涉預算編列外，內部組織結構與組織文化等因素對組織變革會有很大衝擊，若無法獲得高層長官的支持與承諾，則常遭致失敗的命運；2.取得中階主管的共識：由於物流電子化推動時期必須投入半年或一年（甚至更長期間），而中階主管是實際執行者，故為減少組織內員工之抗拒或不適應，必須設法取得中階主管的共識，以及3.物流電子化推動小組成員共識：以物流電子化推動的專案來看，推動小組是整個專案的實際執行者，因此必須形成高度的共識。

　　(三) 成立物流電子化推動小組：推動小組組成之原則，包括由專案目標有關之各部門人員組成、成員對企業作業模式應有相當程度的瞭解，以及考量是否培養未來管理人才或種子人才。而推動小組的成員則有指導委員會、專案主持人一名、推動小組祕書若干名、推動分項小組若干組、推動小組成員若干名，以及顧問若干名，各自負責不同的任務與職責。

　　(四) 物流電子化推動小組之教育訓練：物流電子化專案推動之前，應對推動小組成員施以教育訓練，透過系統性的教育訓練課程，改變小組成員原有之思維。這些訓練課程包括相關的技術、工具、方法論、術語等。

物流電子化——準備階段

主要目的

1. 確認對物流電子化之實際需求與承諾
①應先確認企業內部具決策權的主管對物流電子化的需求與對物流電子化專案的承諾。
②建立企業內部高層與物流電子化推動小組的共識。

2. 成立電子化推動小組
①選擇適當人員作為物流電子化推動小組的成員，施以各項必要的教育訓練，並不斷進行溝通。
②制定物流電子化專案進行之方式與規劃，以界定物流電子化推動小組之運作模式與相關權責。

3. 協助建立正確物流電子化觀念與知識

⇩

高層

╬

推動小組成員

關鍵因素

1. 組織內部高層觀點	→	期待、變革程度、承諾、目標等
2. 中階主管及推動小組觀點	→	可接受程度、溝通、預防、抵制等
3. 推動小組進行方式	→	成員、運作模式、觀念建立等

實施方法

1. 確定物流電子化需求
2. 建立物流電子化共識
3. 成立物流電子化推動小組
4. 物流電子化推動小組之教育訓練

知識補充站

推動小組成員的任務

一般而言，電子化推動小組成員所必須具備之知識包括策略面（例如：企業政策制定之策略觀念與建立方法等）、管理面（例如：政策分析、電子化組織管理、客戶關係管理等）、技術面（例如：系統導入、系統建置、網路安全、解決方案與新科技項目等）與方法論（例如：實施的必要步驟、流程、方法等）。其成員組成包括1.指導委員會：其角色與責任為負責主要決策、重大方案決定、核定物流電子化之目標；2.專案主持人一名：其任務包括建立物流電子化專案進行之規範與重大政策、塑造變革之組織文化、確保參與成員對物流電子化計畫之認同，以及修正評估與獎勵制度，以配合物流電子化下之作業模式；3.推動小組祕書若干名；4.推動分項小組若干組：其任務包括執行專案分項小組工作、編寫工作進度報告、提出並取得所需資源；5.推動小組成員若干名：負責物流電子化之研討、設計、推動、評估等，其任務包括參與物流電子化專案之推動、參與擬定物流電子化的願景、評估相關的組織問題與現況、表達對組織內部之需求、問題與期望、瞭解內外部顧客的需求、提供相關的資源、發展與導入物流電子化系統、推廣物流電子化作業模式、落實物流電子化計畫，以及6.顧問若干名：協助反思組織的作業模式，並找出問題的本質與盲點，其任務包括提供物流電子化經驗、提供有效之方法與工具、引導與控管推動小組之工作進展、檢討推動小組之方向與成果、提供各相關諮詢意見。

Unit **5-10**
物流電子化——評估階段

　　企業之先期評估是從策略檢視、內外部環境分析、顧客、組織、作業流程、資訊技術應用之評估等各項工作中，找出企業運作與物流電子化導入的關鍵議題與重要影響因素，以作為物流電子化專案導入之規劃參考。

一、關鍵因素之探討

　　企業主要針對下列關鍵因素，予以評估導入物流電子化之規劃，即1.分析企業的內部環境與核心能力；2.分析企業所面對的外部環境與關鍵成功因素；3.企業的願景與策略；4.找出顧客的關鍵需求與滿足顧客的方法；5.探討企業的組織結構與文化；6.瞭解企業內部現有資訊架構，以及7.分析現有內部作業流程與關鍵流程。

二、實施方法

　　(一) 環境分析與策略評估：透過環境分析與策略評估，以明確找出企業未來的發展方向。評估工作可從組織願景、經營目標與策略、服務的目標市場與市場定位、總體環境評估等構面著手。

　　(二) 顧客評估與標竿學習：在顧客評估方面，其作法包括顧客區隔化、瞭解顧客潛在需求或未滿足之需求，並進行顧客滿足度之調查。而標竿學習（benchmarking）則是指對一些被認為最佳典範（best practice）的企業，以持續且有系統的方式，評估其作業模式、績效指標及作業流程，取得重要資訊，以協助改善本身的績效。

　　(三) 流程評估：即是分析現有作業流程是否能滿足企業的策略需求，又如何透過電子化達到關鍵流程之改造。

　　在流程評估步驟方面，首先進行流程盤點，以作為協助推動小組瞭解企業的作業流程，並清楚定義流程的架構。再來是計算流程所用資源，其目的在作為選定關鍵流程之參考，與未來流程設計之效益及資源投入之評估。最後則是決定關鍵流程改造的優先順序，主要包括流程改造的影響因素評估，以及選出關鍵流程兩方面，來決定進行流程改造的優先順序。

　　(四) 組織評估：其作業方式如下：

　　1.評估組織現有運作情形：先繪出組織圖，包括部門功能、部門人員、職責及權力結構的敘述，以瞭解組織架構。

　　2.瞭解組織文化：瞭解組織文化才能評估主管及員工對變革的接受能力。

　　3.找出組織接受變革之阻力、助力與應注意事項。

　　(五) 資訊技術應用評估：主要除為瞭解資訊科技的發展狀況外，更重要的是瞭解資訊技術的發展與應用對企業在管理上會產生哪些影響，而且未來經營管理策略如何透過資訊技術進行。

　　資訊技術應用評估主要包括資訊科技發展與應用、組織現有資訊系統等兩項。在評估後，可與組織策略相對照，找出最符合組織需要的資訊系統。

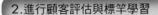
物流電子化——評估階段

<table>
</table>

主要目的

1. 進行內外之環境與現存策略之評估

2. 進行顧客評估與標竿學習

3. 流程評估 ── 例如：組織內部流程、組織與外部民眾或機關之流程

4. 組織評估 ── 例如：組織對變革的接受度、領導者的領導風格等

5. 資訊技術應用之評估 ── 例如：電子化對企業內部管理產生之影響等

關鍵因素

1. SWOT分析 ── ①企業內部環境與核心能力　②企業外部環境與關鍵成功因素

2. 願景與策略　　3. 找出關鍵需求　　4. 探討組織結構與文化

5. 瞭解現有資訊架構　　6. 分析流程

實施方法

1. 環境分析與策略評估

2. 顧客評估與標竿學習

①組織願景：透過與高階主管的訪談、相關內部文件等方式找出組織願景，以瞭解高階主管的理想與目標。
②組織的經營目標與策略：亦是透過與高階主管的訪談、相關內部文件等方式，分析目前策略是否符合未來的經營目標。
③服務的目標市場與市場定位：係指企業的目標市場應予確認，並進一步瞭解其市場定位是否具有競爭力。
④總體環境評估：係指從政府法律、經濟金融、社會文化與科技等構面，瞭解其對組織之影響（包括目前與未來）。
⑤SWOT分析：包括環境機會與威脅、企業優勢與劣勢等四個構面，以進一步找出企業的關鍵成功因素與組織的核心能力。

3. 流程評估

①步驟
②資源
③流程改造優先順序
　❶流程改造的影響評估：包括對經營目標的影響、對客戶導向績效指標之影響、改造難易度、資源投入成本、可產生之效益等。
　❷選出關鍵流程：依據顧客評估需求及滿意度，與內部流程評估的績效綜合考量，以選出進行流程改造的優先順序。

4. 組織評估 ── 評估現況、瞭解組織文化、找出阻力及助力

5. 資訊技術應用 ── 資訊科技發展與應用、現有資訊系統

Unit **5-11**
物流電子化──規劃階段

規劃階段的工作就是運用評估階段所得到的各項關鍵性因素與相關電子化的啟示，加以轉換為一個系統性的方案與執行步驟。

一、關鍵性因素之探討

企業主要針對下列關鍵因素，讓物流電子化之導入作業更為具體化，即1.擬定企業未來之整體策略、願景與目標；2.擬定企業未來之物流電子化願景、目標與策略；3.擬定企業未來之運作模式；4.制定關鍵績效指標作為物流電子化導入之評估標準；5.確定哪些流程應予改變及如何進行；6.確認組織設計與改造的內容；7.規劃整體資訊系統藍圖，並找出新的科技工具，以達成企業願景及目標，以及8.有效激發員工潛力，並與資訊系統結合，以重新製造出新的企業運作模式。

二、實施方法

(一) 策略規劃：包括1.列舉企業策略可行方案；2.針對策略方案進行評估；3.策略評估步驟（可依序從適當性評估、方案篩選、可行性與接受性評估、方案策略之選取等步驟進行評估），以及4.資訊策略之展開。

(二) 運作模式規劃：包括1.彙整評估階段與企業未來策略所得之相關資料；2.描述企業的運作模式，即企業運作模式係由顧客價值（服務民眾的價值）、營運範圍、定價（如收費標準）、組織架構、組織能力、持續性等構面組成；3.召開內部會議，找出未來的運作模式，以及4.由高層確認未來運作模式。

(三) 關鍵績效指標之評估與選擇：企業可依本身的產業特性，擬出符合本身需要的關鍵性績效指標。

(四) 組織流程設計：主要有新組織流程規劃與完成流程說明書兩大方面。在新組織流程規劃方面，包括建立未來組織流程模式（可經由會議討論獲得）、重新設計流程（如依部門權責之重新劃分與管理之調整、流程存廢問題等因素考量），以及流程設計管理；而完成流程說明書方面，流程說明書至少應包括流程名稱、流程範圍、流程所有人、流程小組、流程目的、流程目標、流程圖等項目。

(五) 組織設計：在進行物流電子化時，企業可透過包括擬定變革願景、訂定變革策略、發展變革的能力、變革之配合措施、發展組織文化、進行組織設計、確認各組織人員工作內容、定義各組織工作人員之技能需求、定義人員工作量並作為規劃所需之員工數量、確認工作改變內容等步驟進行組織變革。

(六) 資訊系統規劃：企業資訊系統規劃可依據包括訂定資訊技術發展計畫之達成目標、選擇資訊發展技術、訂定各資訊系統功能架構、擬定軟硬體系統架構、檢討新舊系統整合與轉換作業方案、確定整體資訊系統發展之執行方式、擬定整體資訊系統專案執行經營與計畫、擬定導入工作計畫等步驟進行。

物流電子化—— 規劃階段

主要目的

1. 擬定未來企業整體與物流電子化策略
2. 規劃企業未來運作模式
3. 決定關鍵績效指標
4. 規劃未來流程
5. 進行組織設計
6. 整體資訊系統規劃與設計

關鍵因素

1. 物流電子化願景、目標與策略
2. 導入之評估標準
3. 確定必須改造之流程
4. 確認組織設計及改造
5. 規劃整體資訊藍圖
6. 制定新的企業運作模式

實施方法

1. 策略規劃　　　　　　　　 策略可行方案之提出與 評估 ＋ 資訊策略之展開

評估方式可從適當性（如資源運用的平衡性等）、可行性（如預算是否足夠等）、接受性（如組織結構或法律上可否被接受）。

①角色：企業應尋找需要改善的物流電子化流程，並瞭解其所提供之價值。
②電子化願景：資訊系統結構應優先滿足企業之策略與願景。
③核心能力：運用或結合新資訊技術與目前核心能力，以發展出物流電子化運作時所需之核心能力。
④組織與管理：資訊策略應依組織策略排定出執行的優先順序，並據以進行組織結構的改變。
⑤預算：在考量採用何種成本架構與投資水準，以達成理想的資訊策略。

2. 運作模式規劃　　　　　　 資料分析、描述運作模式、確定未來運作模式

3. 關鍵績效指標之評估與選擇

4. 組織流程設計　　　　　　 新組織流程規劃 ＋ 完成流程說明書

流程設計管理：①檢查可改變處理方式的流程。②確認新流程是否可增加附加價值。③簡化現有附加價值的流程。

5. 組織設計

變革願景、策略能力及作法
＋
組織文化、組織設計、工作改變內容

透過教育訓練是改變組織文化的最佳方法

6. 資訊系統規劃

選擇資訊技術擬定系統架構

確定整體資訊系統

導入工作計畫

Unit **5-12**
物流電子化──建置階段

　　建置階段的主要工作係將評估階段、規劃階段所獲致之結果，確實落實於企業之中，以進行組織轉換及系統建置，並進行物流電子化專案之效益評估。

一、關鍵因素之探討

　　企業主要針對下列關鍵因素，讓歷經評估並規劃後的物流電子化作業予以確切落實在組織中，即1.物流電子化整合之步驟與注意事項；2.企業如何進行調整以符合新的運作模式及如何運用新流程；3.必須導入哪些管理機制，以確保物流電子化專案之執行，以及4.如何運用績效指標與評估，協助物流電子化專案之進行。

二、實施方法

(一) 物流電子化系統之整合

　　1.物流電子化系統開發：應考量因素包括使用便利性、介面是否操作容易、流程控制點之建立、產生不同報表之彈性、能否提供決策資訊、是否易於與其他系統傳遞與整合。

　　2.物流電子化系統之整合：整合內容包括系統測試（如單元測試、功能測試、整合測試等）、流程運作，以及系統上線三種。

　　3.教育訓練：應包括基礎教育訓練、系統操作訓練、制度教育訓練與系統維護訓練等。

　　4.系統維護、安全與保固：系統上線後，主要必須維持系統運作的正常，並定期檢討其運作內容、功能與執行情形，以作為改善系統之參考。

(二) 流程轉換與組織轉型：
此步驟包括組織流程發展、轉換及展開，與組織架構調整。這些步驟必須擬出行動方案、詳細列舉進行的方式與項目，也就是依據解決方案擬出行動方案。

(三) 管理制度導入

　　1.人力需求調整：在人力需求進行調整時，可考量相關問題。

　　2.降低阻力：首先，確認利害關係人及其問題；再來是找出抗拒的原因；最後，提出消除阻力的可行方案。

　　3.全面推廣：一般而言，可透過教育訓練、推廣說明會等方式實施。

(四) 稽核與績效評估機制

　　1.執行與檢討：檢討的項目包括時程是否依計畫進行，系統使用是否良好、是否符合預期目標與效益。

　　2.績效評估機制：在實施績效制度時，應注意下列事項，即(1)制度應定期檢討是否能支持電子化策略之執行；(2)制度是否過於複雜、成本太高、資源投入太多等，以及(3)制度應建立實施的優先順序等。

物流電子化──建置階段

主要目的

① 物流電子化系統整合

② 組織結構調整與企業流程轉換

③ 管理制度導入

④ 稽核與績效評估機制

關鍵因素

4.運用績效指標與評估

3.導入管理機制

2.運作模式調整

1.整合步驟

實施方法

1.物流電子化系統整合
- ①系統開發
- ②系統整合
- ③教育訓練
- ④系統維護

2.流程轉換與組織轉型

3.管理制度導入
- ①人力調整
- ②降低阻力
- ③全面推廣

4.稽核與績效評估機制
- ①執行與檢討
- ②績效評估機制

Unit 5-13
個案　中鋼公司電子商務系統

　　中鋼在1987年首創國內鋼鐵業利用電話接按方式，連接中鋼電腦系統查詢產業訊息，這一套系統被稱之為「上下游業客戶連線系統」。中鋼公司資訊系統處副處長張世和表示，當時公司每天晚上備妥訂單、生產、貨款、出貨、品保、銷售等資訊，供客戶次日早上查詢，也就是已有目前B2B的觀念。

　　1994年，中鋼此系統更新版本，以即時方式提供客戶資訊，並增加資料下傳與電子訂購功能，並更名為「產業資訊系統」。至1998年推出新版本，即是「中鋼電子商務系統」，客戶可透過網路，連線中鋼系統查詢資訊。

　　中鋼公司在1992年4月完成電子採購系統後，在八個月的期間已有1,000家以上供應商透過此系統帶給廠商許多便利。目前中鋼電子商務系統內具備電子銷售、電子採購、電子運輸、外包工程等四大功能，是國內極少數在B2B電子商務系統上做到資訊流、物流、金流結合功能。

　　目前中鋼公司以銷售折扣方式吸引客戶上網訂購，目前80%～90%的國內客戶已與中鋼連線，而部分國外客戶亦已上線作業，大幅節省中鋼公司與客戶的作業時間及成本。其電子銷售系統之功能包括供客戶上網下單、訂購鋼品、查詢訂單、訴賠、信用狀、外銷提單、發票、運送、資料下載等功能。

　　中鋼的客戶從中鋼商務系統可以查知訂購貨物是否已生產完成？何時可出廠？在確定時間後，也可從電腦上填寫發貨通知單，通知中鋼的特約貨運車行發車，將這批貨運送到自己公司的倉庫；同時，客戶亦可安排船期，連同其他物料一起運送至海外其他工廠。除查詢交貨狀況，客戶亦可查詢訂購資料等，取得詳細的管理報表及貨款資訊，並在貨物未到達前，預作倉儲管理、安排生產排程。如想要轉賣貨物，甚至可在網上直接安排貨運車，將貨物直接送往下一個客戶手中，節省運費和倉儲支出。

　　另外，中鋼也與中國國際商業銀行、華南銀行等國內大型行庫洽談，將金流納入電子銷售體系，中鋼公司將應收帳款賣斷給銀行，由銀行向中鋼客戶收帳及融資。中鋼只要一出貨，就能向銀行拿到貨款，對中鋼而言，更為便利；對中鋼客戶而言，則可取得銀行信用額度及資金。未來尚包括電子發票、電子支票及電子信用狀等功能，亦將陸續拍出。

資料來源

　　李娟萍，中鋼電子採購系統，造福廠商無數，《經濟日報》，2003年2月11日。

個案情境說明

中鋼公司的「中鋼電子商務系統」客戶
可加以連線查詢相關資訊

中鋼電子商務系統包括電子銷售、電子採購、電子運輸、外包工程等四大功能。

申請系統是B2B電子商務系統中，整合資訊流、物流與金流的功能。

中鋼也與國內華銀等行庫的金流納入其銷售體系之內。

 動動腦

◎請簡述中鋼公司在資訊流、物流及金流上結合運作之情形。

◎若您是中鋼的競爭對手，對於中鋼公司的電子化運作情形，您會採取何種態度看待之？又有何種策略可以因應？

Unit **5-14**
個案　台積電虛擬工廠

台積電公司目前打造完成所謂以客戶為中心的「虛擬工廠」。該公司希望透過品質佳、低成本、具安全機制的資訊系統，具高度流通性的資訊，依客戶需求進行彈性及快速的生產等優勢，打造出「虛擬工廠」的專業價值。

台積電自己定位為「為客戶創造最大獲利的專業積體電路製造服務公司」，早在1995年該公司已透過資訊技術建構「虛擬工廠」的願景。而其策略中的「虛擬晶圓廠」是讓台積電的客戶直接利用資訊技術與網路科技，打破時間、地域之限制，隨時能使用台積電工廠，正如使用本身工廠那樣便利。這也是供應鏈管理中最佳的作法之一。

由於半導體的生產、銷售體系發生巨大變化，產業垂直分工愈來愈細，設計、晶圓製造、封裝、測試都由不同公司負責，故供應鏈系統更為複雜，所以必須結合一體，使所有企業夥伴的關係更為緊密在一起。

在推動「虛擬工廠」之前，台積電已利用FTP、EDI等資訊技術，與客戶相互傳輸設計、工程資料，但是這樣仍不能滿足台積電的需要。為了達成此目標，該公司首先進行企業改造，將公司改變成為一個以客戶為導向的組織，並進行工廠自動化、業務運作模式、客戶服務及訂單處理等三大部分的改造活動。例如：在工廠自動化部分，要求提高良品率、降低生產週期、減少操作疏失或錯誤；而業務運作模式方面，則在財務、會計、採購等方面，提高相關作業及工作人員的生產力及效益，這又與ERP系統緊密結合在一起；客戶服務及訂單處理部分，則在追求提供客戶所需要的即時資訊及相關服務。

台積電公司在進行電子商務規劃時，不僅與國外科技公司、管理顧問公司、系統廠商接觸，瞭解哪些系統最適合於國外台積電的資訊技術模組及應用；同時內部由IT專業人員及業務人員合組一個工作團隊，討論各種相關問題，如實際作業、流程與資訊系統是否可緊密結合，如果不完全是，如何加以調整、修正。

該公司與使用ERP系統的部分客戶已相互結合在一起，例如：其客戶Adaptect公司，原先接到客戶訂單，再下製造訂單給台積電公司，經過晶圓製造、測試，再出售給客戶，整個供應鏈約需110天；但現在與台積電系統連結在一起，大約只須55天，而且節省了100萬美元的成本。

台積電公司透過資訊化、電子化的商業模式，從網路下單、客戶品質進度的查詢，到許多技術資料的分享，都不斷與客戶結合在一起，形成密不可分之供應鏈。未來仍將永無止境的走下去，因為部分ERP的系統仍缺乏整合的標準（因為

運用不同的ERP軟體），而業務流程相關的資料亦缺乏定義標準，所以將不斷與客戶溝通，強化彼此間的夥伴關係。

資料來源

　　陳慈暉，台積電打造以客戶為中心的虛擬工廠，《能力雜誌》，1999年7月，pp. 52～56。

個案情境說明

台積電依客戶需求進行彈性及快速的生產優勢，打造出「虛擬工廠」的價值。

公司進行企業改造，改變成為一個以客戶為導向的組織。	進行工廠自動化、業務運作模式、客戶服務及訂單等三大改造活動。	台積電透過資訊化、電子化的商業模式，從網路下單、客戶品質查詢，到技術資料分享，都與客戶結合在一起。

 動動腦

◎請從需求管理的概念，對台積電之虛擬工廠作法予以評論。
◎請您以一個專家的身分，對台積電目前在需求管理與供應管理上之作法提供更佳的意見。如果認為該公司的作法無須調整，亦請說明理由。

第 **6** 章
物流之重要議題

章節體系架構

Unit 6-1　個案　RFID智慧感測技術在雲端化冷鏈物流平臺之應用
Unit 6-2　國際物流
Unit 6-3　物流中心種類
Unit 6-4　成立物流中心之規劃工作
Unit 6-5　物流中心之策略
Unit 6-6　物流共同化的型態
Unit 6-7　物流共同化之設計
Unit 6-8　流通物流
Unit 6-9　冷鏈物流之規劃
Unit 6-10　冷鏈物流之管理
Unit 6-11　委外物流基本作法
Unit 6-12　企業物流委外合約
Unit 6-13　物流委外之績效評估與合作關係
Unit 6-14　第三方物流
Unit 6-15　第四方物流
Unit 6-16　供應管理
Unit 6-17　供應商發展
Unit 6-18　供應商關係管理
Unit 6-19　供應商庫存管理
Unit 6-20　逆向物流作業
Unit 6-21　逆向物流管理之策略
Unit 6-22　個案　美西封港效應與供應鏈管理
Unit 6-23　個案　臺灣P&G公司的VMI系統
Unit 6-24　個案　日本YAMATO價值網絡

Unit 6-1
個案　RFID智慧感測技術在雲端化冷鏈物流平臺之應用

　　由於雲端技術快速發展，許多物流平臺開發商陸續運用雲端物流平臺技術，以達成物流服務之加值及供應鏈之資源整合。現在更規劃在雲端上引用相關RFID 智慧感測技術，為物流雲帶來更大之加值效益，創新整個物流雲的應用。

　　RFID 技術運用於物流上已有數年，RFID 結合智慧感測技術之標籤更適合於冷鏈物流使用，冷鏈物流所指的是對溫度需有特定需求之產品，在生產、儲藏運輸、銷售到消費者之前，期間產品始終處於規定的低溫環境下，以確保產品品質、減少產品損耗，並保證產品安全之系統工程。RFID 智慧感測技術應用在雲端化冷鏈物流平臺上，其技術核心在整合RFID 技術、智慧感測技術、無線通訊技術、衛星定位通訊技術、網路資訊技術等，以建立安全的食品供應鏈，實現食品在運輸過程中溫度、溼度、氣體等的即時檢測和食品地理位置的監控，以達到為食品安全提供有效技術解決方案之目的。簡述如下：

1.RFID 技術

　　RFID 系統通常運用於冷鏈物流中，主要是整合RFID 標籤、智慧感測器和RFID 讀取器，透過無線通訊技術相互溝通。而RFID標籤可儲存EPC（產品電子代碼），且可直接用於物流管理系統中，只要外加智慧感測器與電源，即可直接用作溫度記錄及讀取用途。RFID 標籤的類別包括主動式、被動式與半被動式等多種工作方式。現在一般討論的RFID、EPC，大都針對於UHF 的被動式電子標籤，這也是目前物流上應用最廣泛的RFID標籤。

2.智慧感測技術

　　智慧感測器（intelligence sensor），是能夠處理邏輯功能與指令的感測器。智慧感測器具有微處理器，感測器與微處理器必須是相結合的，需有蒐集、處理、交換資訊的能力。使用智慧感測器就可將資訊分散處理，進而降低成本。常見有溫度、溼度、壓力、氣體等智慧感測器適用於工業及商用領域。

資料來源

　　賴文奎，工研院服科中心。

個案情境說明

RFID用在物流鏈上已有數年

↓

RFID結合智慧感測技術之標籤更適合於冷鏈物流

↓

技術核心

整合RFID技術、智慧感測技術、無線通訊技術、衛星定位技術、網路資訊技術等

RFID系統

- 整合RFID標籤、智慧感測器和RFID讀取器
- UHF被動式電子標籤應用最為廣泛

智慧感測器

- 感測器必須與微處理處相結合
- 可分散處理資訊,進而降低成本

動動腦

◎請簡述RFID智慧感測技術在雲端化冷鏈物流平臺之應用,並說明一位物流業者在此潮流下應有之態度(考量投資成本、人才等問題)。

Unit **6-2**
國際物流

　　企業欲跨足國際物流體系，所要面臨的問題勢必遠較在國內複雜，因此有必要在投資前做好各種前置作業的瞭解。

一、國際物流環境

　　企業國際化已是全球趨勢，因此當企業要跨足國際物流體系，首要針對投資環境予以比國內更為詳細的評估，大致可區分為總體環境與個體環境兩大方面。

　　在總體環境方面，包括政治環境、法律環境、經濟環境、社會及文化環境、人口環境、技術環境。而個體環境方面，則包括產業結構、消費環境、通路環境、物流業競爭狀況、社會大眾支援程度。

　　除上述各點外，業者必須另外特別注意到幾項問題，小如市場大小、都市化程度，大如政府對物流業的支持程度、外匯管制情形等問題。

二、國際物流組織

　　國際物流組織依各物流業者本身業務之需要而設立，但大致可包括下列方式：

　　(一) 國外或相類似部門：企業為配合業務需要，公司內部必須設立與貨物進出上有關的部門，以使顧客貨物在進出關時，能順利完成所有作業程序，並將顧客交辦之貨物，運達指定地點。業者可能從事其中一部分工作，亦可能包括上述的全部作業。

　　(二) 在國外設立代理商：這是業者真正進入國際投資的領域。第一種組織的功能，只是將貨物運達指定港口或機場即可，但是在國外部分則由對方直接辦理各項相關作業。第二種國際物流組織則將國外部分的工作，直接移轉國外代理商處理。

　　(三) 分公司：業者為加強本身對國外市場的掌握情形，將在國外市場應辦理之業務交由本身分公司負責。

　　(四) 子公司：業者自行設立子公司直接對國外市場進行控制，並增加對國外市場的行銷能力及服務能力。

三、國際物流之運作

　　(一) 運輸方面的考慮：包括運輸工具的選擇、運輸路線之安排、運輸保險之投保、運輸費率之談判、運輸文件之處理，以及運輸理賠等問題之考量。

　　(二) 倉庫方面之考慮：包括倉庫地點之選擇、倉庫附近公共設施條件如何、免稅區之運用、倉庫規模大小之決定、倉庫數量之決定、貨物搬運方式、外部包裝方式，以及單元化作業之選擇（貨櫃或墊板或其他）等問題之考量。

　　(三) 航空服務方面之考慮：包括交付條件之決定、顧客服務項目及水準之配合、交貨時間之決定，以及顧客服務部門與行銷部門之配合等問題之考量。

　　(四) 資訊管理方面之考慮：包括與國外客戶聯繫情形、與國外代理商配合情形、資訊管理成本，以及是否提供足夠資訊以應付市場需要等問題之考量。

國際物流之環境／組織／運作

國際物流環境

1.總體環境		2.個體環境

除此之外，業者尚須關注下列問題

① 市場大小
② 都市化程度
③ 交通網路便利性
④ 地形狀況
⑤ 關稅及非關稅管制情形
⑥ 政府的運轉政策
⑦ 政府對物流業的支持程度
⑧ 外匯管制情形
⑨ 可供使用之自由免稅區（free zone）、自由貿易區、對外貿易區等之數量及便利性
⑩ 配合作業機構之能力

國際物流組織

4.子公司

3.分公司

2.在國外設立代理商

1.國外或相類似部門

若企業真正在國外市場直接投資設立分公司或子公司，進行多國籍企業之發展，則必須面臨的問題與在國內市場正式營運前考慮的因素大同小異，只是因國家的不同，在策略思考邏輯上亦須有所不同。

國際物流運作4考慮

① 運輸方面
② 倉庫方面
③ 航空服務方面
④ 資訊管理方面

Unit **6-3**
物流中心種類

現代化的物流中心除一般性之採購、儲存、流通加工、配送等功能外，更具有商情蒐集、顧客服務、收帳等功能。

一、物流中心興起之原因

(一) 使商業交易手續及過程更為簡便：買賣雙方透過物流中心之處理，將減化買賣手續及過程，且減少交易過程中的錯誤。

(二) 降低交易成本：買賣雙方溝通資訊經由物流中心的居間協調或安排，可減少錯誤與大幅降低作業時間，交易成本能有效降低。

(三) 有利經營策略之擬定：不論供應商、零售商，在產品生產或貨源取得方面各有其立場，因此雙方常出現衝突現象，透過物流中心的處理，則可能減少之間的矛盾，進而對雙方經營策略之擬定亦有所幫助。

二、物流中心所產生之效益

(一) 庫存減少：企業透過物流中心進行存貨控制，庫存安全存量可降至最低點，資金積壓成本將有效降低。

(二) 建立企業合作網路：透過物流中心的處理，不但能達到物資有效配送；尤其對於製造業而言，更是建立產業合作網的基石。

(三) 專業化的效率：透過物流中心的專業化，將使企業的物流效率更為彰顯。

(四) 提高物流作業效率：經由物流中心的統合，在貨物集中、整理後，再行配送，則物流效率將遠高於自行配送。

(五) 有利於建立通路系統中的影響力：物流中心雖非影響通路系統的唯一因素，但確實具有相當的影響力，因為它真正能提高效率，進而使價格往下調整，提高市場競爭力。

三、物流中心種類

物流中心的分類依其觀察角度不同而有所差異，但實務上最常被使用的方式是從配送角度來看其分類方式，茲說明如下：1.M.D.C（distribution center built by maker）：係由製造商所設立的物流中心，如光泉公司等；2.T.D.C（distribution center built by truck）：係由貨運公司所設立之物流中心，如新竹貨運等；3.R.D.C（distribution center built by retailer）：係由零售商所設立之物流中心，如捷盟公司等；4.W.D.C（distribution center built by wholesales）：係由批發商或代理商所設立之物流中心，如德記洋行等；5.R.D.C（regional distribution center）：係為區域性的物流中心，負責特定小區域物流業務的物流中心，以及6.F.D.C（frontier distribution center）：係為貨品暫時存貨的轉運站或車輛轉換的中繼站。

物流中心的興起與種類

物流中心是什麼？

所謂物流中心係指商品集中，並分散至零售業或其中間流通部門，它具有連結上、下游之間的重要功能。

物流中心興起之原因

| 1.使商業交易手續及過程更為簡便 | 2.降低交易成本 | 3.有利經營策略之擬定 |

物流中心之效益

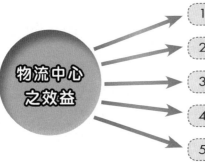

物流中心之效益

1.庫存減少

2.建立企業合作網路

3.專業化效率

4.提高物流作業效率

5.有利於建立通路系統中的影響力

物流中心6種類

實務上最常從配送角度來分類物流中心種類

① 1.製造商設立之物流中心（M.D.C.）

② 2.貨運公司設立之物流中心（T.D.C.）

③ 3.零售商設立之物流中心（R.D.C.）

④ 4.批發商設立之物流中心（W.D.C.）

⑤ 5.區域性物流中心（R.D.C.）

⑥ 6.轉運站或中繼站（F.D.C.）

Unit **6-4**
成立物流中心之規劃工作

各公司因所成立之物流中心的特性或組織架構、組織文化等因素之不同，而有所差異，但一般作法大致相似。本單元就物流中心在規劃之時，一般應有的步驟及其應考慮的相關問題予以說明。

一、規劃步驟

(一) 初步計畫階段：包括工作目標擬定、蒐集相關基本資料、進行資料分析。

(二) 系統設計階段：包括設定規劃的相關條件、選擇地點、進行建築物與內部設備之規劃、擬定服務設施、整體布置之設計。

(三) 設立方案之評估：即是設立方案的評估與選擇。

(四) 細部設計階段：包括內部之細部設計、細部計畫之評語、完成細部計畫。

二、規劃時應考慮的相關問題

(一) 初步準備階段

1.工作目標擬定：一般包括新營運方式的決定、計畫所需之經費、計畫預定之工作時程、營運量的大小設計、人力資源之運用，以及廠房、設備折舊情形之估算等工作目標。

2.蒐集相關基本資料：一般包括物流相關資料、資訊處理、輸配送工具、作業成本、物流狀況、投資效率之評估，以及作業流程與前置時間等七要項，茲說明如右。

3.進行資料分析：一般包括瞭解現況、與同業之比較、硬體條件之比較、軟體條件之比較，以及企業形象之比較等五要項，茲說明如右。

(二) 系統設計階段

1.設計條件訂定：包括提高營運費、提升服務水準、解決人力問題、彈性因應少量多樣訂單等條件之考量。

2.選擇適當地點：物流中心地點之選擇至少應包括土地的區位、土地面積大小及使用限制條件、儲存貨品之性質、與競爭者比較優劣點、土地成本、勞動力充足性、基礎公共設施完備性、資訊支援能力、氣候條件（含溫溼度、地震、地質等），以及政府相關政策（如產業東移政策）等考量因素。

3.進行建築物與內部設備之規劃。

4.擬定服務設施：服務設施包括空調設備、安全管制通信設備、搬運設備、儲放區、辦事處及其他員工活動場所等。

5.整體布置之設計：通常物流中心之整體布置應注意作業流程順暢原則、整合性原則、具高度彈性原則，以及管理容易原則等考量。

(三) 設立方案之評估：通常有數個案件需要選擇出最合適者，因此必須經過合理的評估工作之後，始能選擇最佳方案。

上述三階段都已進行完畢後，即是進入細部設計之階段。

如何成立物流中心？

規劃4步驟

① 初步計畫階段
② 系統設計階段 ----
③ 設立方案之評估——
④ 細部設計階段

規劃時應考慮問題

1.工作目標擬定

2.蒐集相關基本資料

①物流相關資料：係指與物流中心有關之目前營業中物流服務據點、服務水準及服務區域。
②資訊處理：係指物流資訊之處理能力、主從電腦放置地點、登錄狀況、接單、緊急處理的方式。
③輸配送工具：係指物流中心所需之輸配送工具。其內容應考量車輛的大小、地區路線狀況、便利性、安全性、經濟性等。
④作業成本：係指物流中心必須投入多少成本，包括工地成本設備、建築物及其他相關費用。
⑤物流狀況：係指商品的種類、數量、庫存數量等相關問題。
⑥投資效率之評估。
⑦作業流程與前置時間。

3.進行資料分析

①瞭解現況：包括貨品的品質、處理速度、手續的難易。
②與同業之比較。

> 例如：資訊交換方式、輸配送手續與方法、搬運容器等

③硬體條件之比較：包括物流據點、服務區域、物流中心內部的空間大小、設備、容量、輸配送之便利性、資訊網路使用狀況、擴充的可能性等。
④軟體條件之比較：包括配送單位之限制、接單時間、緊急處理、流通加工之速度等。
⑤企業形象之比較：包括工作人員服務態度、物流中心之景觀、企業識別形象系統等。

4.系統設計條件訂定　　5.選擇適當地點

6.進行建築物與內部設備之規劃

7.擬定服務設施　　8.整體布置之設計

9.設立方案之評估

Unit **6-5**
物流中心之策略

圖解物流管理

物流作業包含上、中、下游供應鏈，非僅由單一企業能獨立提供，若缺乏完善的供應鏈分析及投資方案評估，以瞭解企業之主要需求與利潤回收的可行性，逕而投入物流中心的設立，並無法保證可降低物流成本及提升企業經營利潤。因此，在真正建置物流中心之前，企業應以整合性設施規劃的理念，逐步進行是否設立物流中心之評估。

一、訂定本身的經營目標

企業在經營物流中心時，應自行確認經營物流中心的目的何在。是供本身企業使用？或是專供物流服務之用？必須加以明確訂定，如此才不致營運方向有誤。

二、確認貨品來源

物流中心之營運必須依賴協助其他企業或組織內部銷售單位，將貨品運至指定地點而發生，因此貨品來源之掌握極為重要。否則發生沒貨可處理或運儲的情況，則設立物流中心便是毫無意義的作為。

三、具有提高物流效率的能力

物流中心係在發揮物流效率提高的功能，若是連此項最基本的要求都無法做到的話，則其設立的目標勢必無法達成。

四、能掌握市場資訊

物流中心若能掌握產業資訊，協助合作夥伴做到更正確的市場評估，將能獲得更長遠的合作機會。

五、具規模經濟之效益

物流中心在營運上若無法達到規模經濟的程度，則在物流效率無法提升的情形下，勢必無法真正達到營運目標。

160

小博士解說

物流中心未來發展趨勢

未來物流中心的發展趨勢，大致包括下列各點：1.作業資訊化；2.經營專業化；3.業務中立化（必須業務保密，以免影響客戶權益）；4.共同載運中心之成立；5.達到經濟規模；6.國際物流化；7.快速回應系統之建立，以及8.結合電子商務。

物流中心5策略

1.訂定本身的經營目標

5.具規模經濟之效益

2.確認貨品來源

物流中心
5策略

4.能掌握市場資訊

3.具有提高物流效率的能力

知識補充站

物流中心應跟著趨勢走

物流中心現在已普遍存在於商業活動之中，除負責製造業、批發業、零售業的物資運送與管理外，目前連鎖企業中的物流中心，或連鎖餐飲業中的中央廚房也是另一種型態的物流中心。因此不同業者在思考其物流中心時，除考量上述五項策略外，亦應思索行業的特性，如何藉著物流中心的功用，降低企業物流成本，進而提升其企業競爭力。

物流中心在國際物流中，也扮演一個重要的角色，當今全球各國的自由區（如自由貿易區、對外貿易區、自由貿易港區等），均以發揮國際物流的特性為主軸，例如：近年來南韓仁川經濟自由區的仁川機場自由貿易區即已成為東北亞轉運的重要據點之一。而臺灣目前正積極推動的自由經濟示範區中的「運籌物流」，也在此精神下予以設計，當然「運籌物流」除國際物流與物流中心的結合外，其間亦牽涉複雜的海關作業手續與管理機制的開放，同時必須大幅改善其通關管理的各項資訊設備，因此，國內相關業者應注意未來此政策的演變，以抓住這個重要的商業時機。

Unit **6-6**
物流共同化的型態

　　隨著商業環境的改變，交通工具運用、資訊傳遞等狀況，使得企業對於物流共同化與需求愈來愈重視，尤其隨著全球商業對供應鏈系統的重視，此種情形更為明顯。

　　物流系統之建立必須具有效率性、時效性等條件，如此才能真正提升企業競爭力，而物流共同化正是解決此項問題的重要工具之一。

一、物流共同化之定義

　　所謂物流共同化係指企業經由物流聯盟之策略，以使得物品流通之相關作業能共同執行，共同達到具效率的物流管理。它常是透過企業間結合共組物流體系，或經由物流業者之專業能力，以解決個別企業在物流方面的低效率問題。其範圍係針對物流活動，透過資源共享的作法，與其他企業合作，而達到經營合理化、效率化的目的。

二、物流共同化之型態

　　物流共同化最常見分類方式是以主導企業為分類方式，茲說明如下：

　　(一) 輸配送共同型：此種物流共同化的作法是由貨運業者主導，它係指各個不同的企業，基於自行運配的不經濟性，委託同一貨運業或物流業者，有計畫性、效率性地將貨品輸配送至所指定之地點。此型態又可區分為五種次型態，即1.託運共同型：即是不同的貨主將貨品交由貨運公司，經由同一車輛將貨物運至指定地點；2.貨運業集貨型：即是貨運業者將不同貨物集中，並加以分散運至各指定地點，送交指定人；3.貨運業者合作型：即是貨運業者各自將貨主之貨品集中分類，相互交換同一目的地之貨品，以提高其車輛使用率；4.往返互利型：即是兩地區不同之企業，互相利用對方車輛，避免回程空車，以降低雙方運送成本，以及5.路線貨運共同型：即是路線貨運業者為方便小型商號業者之委託，用小貨車集貨完成後，透過分區轉運作業，再分送至各收貨人。

　　(二) 物流機能共同型：流通業者為因應消費型態的改變，對少量多樣、高頻率之送貨需求，以致共同物流的方式日漸受到重視，大致可分為三種，即1.交貨共同型：此類型是由收貨業者主導，即是通路業者要求供應商將貨品送到指定的物流業者，再由物流業者統一配送；2.保管共同型：即是由倉庫業者主導，例如：許多貨品儲藏空間需求大，故透過倉庫業者代為保管、配送，以及3.全機能共同型：即是由批發業者或物流業者主導。許多零售業者將貨品之保管、輸配、流通加工等工作，均由物流中心代為處理。

　　(三) 運銷組合型：部分企業可經由合作，組成運銷部門共用資源，以增其談判能力，進而降低其配銷成本。此型態又可區分為兩種次型態，即1.共同運銷型：例如：蔬菜、花卉等業者組成共同運銷合作社，將貨品分組包裝，再行共同運送至批發市場，以及2.協同合作型：製造商及批發商之產品可能存在互補性，而且通路結構具有一致性，故可共同處理配送等工作。

物流共同化的定義與型態

物流共同化是什麼？

1.定義 → 所謂物流共同化係指企業經由物流聯盟之策略，以使得物品流通之相關作業能共同執行，共同達到具效率的物流管理。

2.範圍 → 針對物流活動中的運輸、配送、包裝、裝卸、流通加工、保管等功能，透過資源共享，與其他企業合作，而達到 經營合理化、效率化的目的。

3.目的 → 基本上仍在於尋求解決物流活動之經濟性與效率性，且有助於企業營運效率的提高與營運成本的降低。

4.優點 → 物流共同化有許多優點，例如：
①降低物流成本
②資源能有效運用
③提高企業競爭力
④提高對顧客的服務品質及服務水準
⑤有利於企業營運規模之擴大

物流共同化3大型態

實務上，最常從主導企業角度來分類物流共同化型態。

1.輸配送共同型

① 託運共同型
② 貨運業集貨型
③ 貨運業者合作型
④ 往返互利型
⑤ 路線貨運共同型

2.物流機能共同型

① 交貨共同型
② 保管共同型
③ 全機能共同型

3.運銷組合型

① 共同運送型
② 協同合作型

Unit **6-7**
物流共同化之設計

物流共同化之執行事實上已涉及企業改造的工作，因此在推動過程中，勢必遭遇許多問題。瞭解這些問題，將有助企業更能精準設計所需要的物流共同化體系。

一、物流共同化可能面臨之困難

(一) 從整體角度來看

1.新觀念導入不易：物流共同化是一個整體性的物流體系概念，以致許多企業至今仍無法體認其效益，因此在推動上有其困難度。

2.企業內物流系統無人負責：許多中小型企業內之物流體系無人負責，變成無人願意改革物流效率。

3.企業經營者擔心物流機能受制於他人：許多保守的企業經營者對於傳統之物流機能交由他人掌控沒有信心，尤其全面性物流共同化在導入及推展期間頗長的情形下，對物流共同化抱持排斥心態。

4.不願意參與外界的溝通：由於物流共同化牽涉許多外界溝通工作，企業經營者擔心更多的溝通有可能造成複雜的物流體系，反而有所推託。

5.缺乏適當的評估管道：必須要有良好的財務與會計系統，才能指出企業內部每一環節的成本及利潤；然而許多企業卻做不到這一點，以致無法感受到真實的效果。

(二) 從企業最高管理者的角度來看

1.擔心公司經營資訊外漏。

2.執行物流共同化必須改變物流體系，在短期間擔心營業績效。

3.害怕影響對顧客的服務。

4.物流共同化的成員相互之間的權利、義務關係若不明確，則可能造成不利的物流機能。

(三) 從管理部門角度來看

1.物流共同化是否能維持現有之物流體系。

2.物流共同化是否能維持現有之服務水準。

3.如何詳細計算各成員之物流成本（這點往往是企業不易做到）。

4.物流共同化後，各成員是否能共享資源等問題之分析。

二、物流共同化之設計

(一) 建立物流共同化之基本原則：包括必須謹慎選擇合作成員、確認實施物流共同化之目的、設立共同物流推動委員會、最高管理者必須正式宣示此項政策、企業內部相關部門應全力推動，以及全力參與物流共同化各成員之談判等原則。

(二) 物流共同化之設計步驟：包括進行物流共同化可行性之分析、與參與共同化的業者達成共識、內部成立物流共同化推動委員會、進行物流系統設計、資金的投入、企業內部成立新部門、正式營運前之檢討、正式營運、評估營運績效九步驟。

物流共同化之設計

物流共同化面臨之困難

1.從整體角度來看

① 新觀念導入不易
② 企業內物流系統無人負責
③ 企業經營者擔心物流機能受制於他人
④ 不願意參與外界的溝通
⑤ 缺乏適當的評估管道

2.從企業最高管理者的角度來看

3.從管理部門角度來看

物流共同化設計步驟

1.進行物流共同化可行性之分析
①現有物流問題之蒐集與整理
②評估參與業者之條件
　❶參考家數與所在位置　❷配送地點
　❸配送密度　❹貨品運送特性
　❺物流設備狀況　❻物流系統之獨立性
　❼物流服務水準

2.與參與共同化的業者達成共識
①邀請相關物流業者參與
②協調主導權與辦事處之設置

3.內部成立物流共同化推動委員會
①管理主體之確立
②管理組織之設置

4.進行物流系統設計
①確認物流系統內容與服務水準
②集貨配送方式之決定
③作業系統之規劃
④決定土地設施、車輛及人員
⑤與物流業者連結之方式

5.資金的投入
①辦事處之運作經費
②各種設施所需之資金

6.企業內部成立新部門
①成立新部門，以配合物流業者的合作方式
②辦理設立登記相關事宜

7.正式營運前之檢討 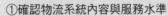 **8.正式營運** 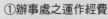 **9.評估營運績效**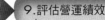

①瞭解實施現況，並加以改善
②新事業營運範圍是否擴大
③綜合性之準備

Unit **6-8**
流通物流

圖解物流管理

　　所謂流通加工即是在物流過程中，業者所進行的一些附帶性的服務作業，它具有附加價值，能提高產品價格。常見的流通加工包括進口商品的中文標示、分包、併包、貼稅條、禮盒包裝、熱收縮包裝、貼價格標籤等服務作業，所以亦被稱為物流加工。

一、流通加工之種類

　　物流加工作業的方式若依客戶需求可區分為兩種：一種是商品入庫之後，立即進行加工，如進口品貼中文標示；另外一種流通加工係針對某種商品或某特定客戶要求所進行之流通加工。不過更詳細的分類是以作業特性分類，大致包括下列種類：

　　(一) 貼標籤作業：貼標籤作業包括貼中文標示、貼價格標籤、貼稅條等。貼中文標示及稅條主要是以進口貨品為主。在貼完標籤後再入庫，是針對進口商的服務。貼價格標籤則是以零售為主，而其作業是在揀貨完成後，再進行貼標籤的工作。

　　(二) 小包裝分裝：小包裝分裝的作業係針對國內外工廠進口大包裝的商品，將之分包為小包裝形式後再行販售。

　　(三) 禮盒包裝：作業流程先是準備包裝材料及商品，其他依序為拿出禮盒、放入商品、熱收縮、封蓋、貼價格標籤、裝箱、封箱等。

　　(四) 熱收縮包裝：熱收縮包裝作業是最常見的流通加工方式之一，主要是因應超市或量販店的需求，將某商品設定最低購買量，以比較便宜的價格出售。其作業流程依序是打開紙箱、取出商品（視其數量組合）、套PE袋、封口、熱收縮、收入紙箱內、封箱。

166

　　(五) 品質或數量之檢查：主要是針對百貨公司、大型賣場等，對商品進行品質或數量之檢查。目前臺灣在此項流通加工作業並不常見。在日本亦以高級服飾或珠寶等商品為主。

二、流通加工的相關包裝材料與設備

　　(一) 流通加工之包裝材料
　　1.包裝紙箱及紙盤：瓦楞紙板是利用內部的波浪形及上、下表紙所構成，它有質輕、緩衝的優點。
　　2.封箱膠帶：包括感壓性膠帶與再濕式膠帶兩種，其中感壓性膠帶最為普遍。
　　3.熱收縮膜：包括PVC膜、PP膜、LDPE膜。
　　(二) 流通加工之包裝機器
　　1.貼標機：包括手工、半自動、全自動三種。
　　2.封箱機：封箱材料包括膠帶、熱熔膠、打釘等方式。
　　3.熱收縮包裝機：此設備在流通加工中最為普遍，其構造包括收縮膜封切機及烤爐兩部分。

什麼是流通物流？

常見的流通加工包括進口商品的中文標示、分包、併包、貼稅條、禮盒包裝、熱收縮包裝、貼價格標籤等服務作業，所以流通加工亦被稱為物流加工。

流通加工5種類

實務上是以作業特性來分類最為詳細

1.貼標籤作業

作業流程

①搬包裝紙箱 → ②打開紙箱（或PE熱收縮袋） → ③貼標、封箱（或裝入紙箱） → ④放回棧板（或籠車）

2.小包裝分裝作業

最常見於批發商型態的物流中心

作業流程

①大量買進大包裝方式的商品 → ②計重包裝或計量包裝 → ③賣給零售店

3.禮盒包裝作業

①準備包裝材料及商品 → ②拿出禮盒 → ③放入商品 → ④熱收縮

⑧封箱 ← ⑦裝箱 ← ⑥貼價格標籤 ← ⑤封蓋

4.熱收縮包裝作業

最常見的流通加工方式之一

作業流程

①打開紙箱 → ②取出商品（視其數量組合） → ③套PE袋

⑦封箱 ← ⑥收入紙箱內 ← ⑤熱收縮 ← ④封口

5.品質與數量之檢查

目前臺灣在此項流通加工作業並不常見

流通加工包裝材料

1. 包裝紙箱及紙盤
2. 封箱膠帶
3. 熱收縮膜（PVC、PP、LDPE膜）

流通加工包裝設備

1. 貼標機
2. 封箱機
3. 熱收縮包裝機

167

Unit **6-9**
冷鏈物流之規劃

　　低溫食品依程度範圍分為冷藏與冷凍兩大類。冷藏一般以7°C以下至凍結點以上溫度帶內之生鮮、農畜、水產品等，為求新鮮度與品質，必須在法定溫度帶內製造、儲運及販賣。冷凍食品則必須符合經過事前處理、急速凍結、在−18°C以下低溫，以及妥善完整包裝等四要件。由此可知，冷鏈物流廠商在設備上有其一定條件要遵守。

一、冷鏈物流興起之原因

　　(一) 食品流通型態的改變：食品流通型態由傳統通路，逐漸改變為經由物流中心將貨品遞送零售據點的作業，以達到即時配送的服務品質，成為行銷通路之主流。

　　(二) 零售業系統發生遽變：許多零售業組織型態發生改變，連鎖店、大賣場等興起，使得零售業的統一採購及議價能力大為增強，委託專業物流公司遂形成趨勢。

　　(三) 低溫食品逐漸為社會大眾所接受：低溫食品因生活消費習慣的改變，已逐漸為社會大眾所接受，所以低溫物流便在此種趨勢下，逐漸興起。

　　(四) 專業分工，符合業者需要：由於食品低溫處理具有相當技術的專業性，透過冷鏈物流公司的處理，不但可提高本身物流作業效率，且可降低物流成本。

　　(五) 都市化與人口集中：基於都市化與人口集中使得人們生活習慣改變，以致冷鏈物流的需求愈來愈殷切。

二、冷鏈物流之規劃

　　(一) 硬體因素

　　1.廠商規劃：包括土地現況分析、廠房結構、物流體系、安全設計分析、結構特性分析、商圈區域設定。

　　2.貨架系統設計：應依產品種類、作業需求及商品區隔，規劃適用的貨架系統。

　　3.運輸設備：包括運輸車輛的多寡、大小車輛比例、營運方向、服務對象、服務通路，以及車輛配備是氣冷式或蓄冷式車輛等。

　　4.倉儲設備：包括門簾、燈具、快速捲門、冷凍庫門、庫板、地層隔熱板、溫度檢測系統。

　　(二) 軟體因素

　　1.存貨控制方面：包括銷售額預測系統、庫存狀況、存貨成本分析、安全存量、產品組合、貨品流動狀況。

　　2.運輸管理方面：包括路線安排、裝載計畫、配送方式及時間、送貨頻率、不同溫度產品之複合運輸、溫度記錄存查。

　　3.倉儲管理方面：包括貨櫃裝卸作業、揀貨及理貨作業、溫度品質管理、儲位規劃、出貨材積與重量計算。

　　4.顧客服務方面：包括配送通路之訂貨系統、缺貨與延遲送貨之督導、促銷活動之協調支援、配銷服務品質之評估。

冷鏈物流之概念與規劃

冷鏈物流是什麼？

冷鏈物流泛指提供倉儲及配送 冷藏 及 冷凍 食品，不得在其中任何環節中改變原存訂定之溫度條件。

冷鏈物流廠商的設備

至少須符合下列兩個條件：

1. 自存或訂存5年租約之低溫倉庫，建坪須在500坪以上。

2. 各式冷鏈運輸車輛之總載重噸數，不得低於50公噸以上。

常溫物流收費vs.冷鏈物流收費

目前常溫物流之收費約為貨品進價之4%至8%
冷鏈物流的收費約為常溫物流之2.5倍

冷鏈物流興起原因

1. 食品流通型態的改變

2. 零售業系統發生遽變

3. 低溫食品逐漸為社會大眾所接受

4. 專業分工符合業者需要

5. 都市化與人口集中

低溫物流規劃時之重要因素

冷鏈物流中心與一般常溫物流中心，在軟硬體設施方面有所不同。規劃冷鏈物流時，必須注意相關因素。

1.硬體因素

貨架系統可包括重型料架、自流式貨架、移動式貨架等。

① 廠商規劃
② 貨架系統設計
③ 運輸設備
④ 倉儲設備

2.軟體因素

① 存貨控制方面因素
② 運輸管理方面因素
③ 倉儲管理方面因素
④ 顧客服務方面因素

Unit 6-10
冷鏈物流之管理

　　冷鏈物流因投資成本高，因此在管理上更須謹慎，以使其投資更具效率。一般冷鏈物流的管理方法，大致可區分為顧客服務及內部作業管理兩部分，茲簡要說明之。

一、顧客服務

　　冷鏈物流的顧客服務最基本的要求，包括下列四項：

　　(一) 即時性的要求：也就是必須在指定期間到貨，因此處理之前置作業時間應準時掌握，以免對產品品質有所影響。

　　(二) 便利性的要求：冷鏈物流與一般物流一樣，在便利性上若無法符合要求，則必不能適應客戶的需要。

　　(三) 可靠性的要求：品質的掌握成為最重要因素，否則低溫食品若無法符合安全性、完整性，則可能使得客戶的信心降低。

　　(四) 溝通性的要求：冷鏈物流必須經常由物流中心、廠商、客戶三者之間不斷溝通，以使倉儲、運輸能保持最佳狀況。

二、內部作業管理

　　(一) 人員訓練：冷鏈物流作業的相關人員應對溫度非常敏感，對狀況及緊急事故必須迅速、有效的採取正確作法。

　　(二) 採購作業：特別須注意產品保存期限及存貨狀況。

　　(三) 進貨與驗收作業：必須考慮溫度和保存期間的要求。

　　(四) 儲存與儲位作業：儲位應先行規劃，同一客戶的產品應集中在一起，另具氣味或汙染的產品應單獨存放，並設置換氣循環設備。

　　(五) 訂單處理：必須注意不同溫度的產品應予以分開，以避免錯誤發生。

　　(六) 理貨作業：低溫環境下，動作較不便，工作時間亦短，故理貨方式、理貨單位、理貨工具均須便於低溫下作業者。

　　(七) 配送：路線安排必須規劃，另外低溫貨物應考慮迴風問題，並減少卸貨期間車內低溫之流失。

　　(八) 退貨與壞貨處理：業者應將壞貨直接丟棄，而退貨應立即改善，並歸位等待下次出貨。

小博士解說　　先進行業的冷鏈物流與一般有別

　　冷鏈物流常用於農漁牧產品，但隨著國際分工與高科技發展，其實部分先進化工材料或電子零組件，亦必須依靠低溫儲存與運送，然而兩者的要求條件並不相同，不論物流業者或製造業者，均須在簽訂物流合約時特別加以註明，以避免發生爭議。

冷鏈物流之管理

顧客服務方面

- 1.即時性的要求
- 2.便利性的要求
- 3.可靠性的要求
- 4.溝通性的要求

內部作業管理方面

- 1.人員訓練
- 2.採購作業
- 3.進貨與驗收作業
- 4.儲存與儲位作業
- 5.訂單處理
- 6.理貨作業
- 7.配送
- 8.退貨與壞貨處理

知識補充站

讓農業加值的冷鏈物流

冷鏈物流隨著冷凍及冷藏科技的進步、運輸交通的發達、消費者習慣的改變，以及消費者對不同食品需求欲望的增加，已成為全球物流的主流之一。不僅在國內物流受到重視，冷鏈國際物流亦普遍被使用，以臺灣目前消費者常食用的進口水果，如蘋果、櫻桃等臺灣沒有生產或少見的農產品，不斷運用空運的方式，將該類高價值農產品空運至臺灣，以滿足臺灣消費者的需要。

臺灣目前推動中的「農業加值」，係擬運用各種科技技術，提升農產品的附加價值，其中一部分可能是必須運用冷凍或冷藏技術達成目的。當然除冷鏈物流的相關問題外，此項政策的推動亦涉及外貿管制政策與海關管制措施，相關業者在推動此工作時，亦應注意相關作業細節。

Unit **6-11**
委外物流基本作法

所謂委外物流係指企業將本身內部之相關物流，委託專業物流公司作業。因此，專業物流公司亦被稱為第三方物流（3th party logistics）。

一、物流委外的原因

(一) 降低成本：若是企業內部的相關物流活動加以委外，根據實務經驗，將大幅降低其物流成本。這也是為何近年來專業物流公司逐漸受到重視的原因。

(二) 提高效率：由於專業物流公司因專業化經營，所以其物流設備不僅能維護較佳，且使用上亦較能發揮效率；尤其常能使用較新的物流設備，相對亦提高其效率。

上述乃是一般企業將其物流委外的兩個重要原因；但在實務上，企業會朝更多層面，包括資源、成本、服務、技術、專業五大因素予以考量是否將物流委外。

二、物流委外前應有之準備工作

(一) 評估內部物流委外之可能性：企業首先應評估內部物流工作委由專業物流公司的可能性。由於內部物流委外後牽涉相關問題必須解決，例如：原有之物流設備如何處理、物流人員如何安置，以及物流作業如何銜接等問題，若思慮不周，將會對企業造成許多營運上之困擾，例如：客戶抱怨、員工反彈等。

(二) 訂定物流委外之衡量標準：企業訂定物流委外之衡量標準之目的，在於使物流委外時能更為客觀，進而確認物流委外之效益有多大；就整個企業而言，是否具有關鍵性的影響力。如果未訂定衡量標準，則委外後有可能會造成更多物流作業的問題產生。

(三) 選擇適當的專業物流公司：企業應考量本身在物流有哪些工作必須委外，經由評估後才能至市場上尋找合適的專業物流公司。在評估及選擇過程，除考量其服務項目與企業之物流委外需求是否相合外，並須進一步評估專業物流公司的實績及服務口碑。

(四) 進行談判：企業在選定專業物流公司後，接著必須與物流公司談判相關事宜，例如：雙方權責如何；同時也應針對服務項目議定服務價格。在談判過程中，企業應特別注意雙方權責的問題，因為這牽涉未來雙方在出現爭議或賠償時，最重要的談判依據。

(五) 雙方工作流程之確定：由於企業物流委外後，立即產生作業流程銜接的問題，例如：專業物流公司何時將零組件送至企業指定地點；或者是物流公司是否能在指定時間、指定地點，將貨品完整送到客戶手上。

(六) 雙方資訊共容性之設計：企業物流委外可能涉及到整個物流活動均委由專業物流公司負責，即便不是全部物流活動全數委外，但也會與企業內部營運作業有關。也就是可能會涉及雙方資訊交流的工作，既有資訊交流也就必須考量到雙方資訊共容的問題。

委外物流基本作法

物流委外的原因

企業將倉儲、運輸,甚至流通加工等工作

委外處理後的結果

1.降低成本

+

2.提高效率

企業物流委外5因素考量

1.資源因素	➜	主要係為了達到集中核心資源的目的,以增加競爭力。
2.成本因素	➜	企業將物流委外時,常為了要進行成本控制及成本降低的目的。
3.服務因素	➜	專業物流公司在物流傳遞的速度、作業彈性及作業配合度上較佳,這與設備、能力、效率等有關。
4.技術因素	➜	目前專業物流公司可專注在物流之資訊能力提高,其所投入資訊投資效率較個別企業單獨投入物流資訊投資效率為高,所以企業只要在營業機密不至於被洩露的情形下,自然願意將物流工作委外。
5.專業因素	➜	有些企業基於物流工作的部分工作不符合成本或效率太低,而將其工作委由專業物流公司負責,例如:流通加工、運輸、倉儲、存貨控制等。

物流委外前應有之準備工作

1.評估內部物流委外之可能性

⬇

2.訂定物流委外之衡量標準

⬇

3.選擇適當專業物流公司

4.進行談判

⬇

5.雙方工作流程之確定

⬇

6.雙方資訊共容性之設計

Unit **6-12**
企業物流委外合約

前述關於委外物流之內容，最後必須將之轉化為合約，才能成為雙方未來依循的內容。因此，對於合約要如何擬定，才不會損及企業權益，乃是本文要強調的重點。

一、委外物流合約之類型

(一) 正式合約：正式合約常包括主體合約、服務合約及合約附件。主體合約主要係為了界定雙方關係、權利義務關係、風險及責任歸屬等。服務合約則以界定雙方服務範圍、內容及相關作業規定。例如：供應鏈管理服務、物流服務、運輸服務與倉儲服務等。至於常見的合約附件，則包括作業流程、系統資料、計畫方式及價格、公司證照、法律、保險文件等。

(二) 簡式合約：簡式合約包括服務合約及合約附件。服務合約在簡式合約中常會將主體合約與服務合約合併簡化成一項合約，包括服務內容、權利義務、計費方式，以及價格、付款條件與其他約定事項。而合約附件在簡式合約中，係依實際需求提出之約定事項。

(三) 非正式合約：此合約常利用報價單附注其他相關規定事項的方式表示之。

二、物流委外之作業管理與合約簽訂流程

(一) 設計規劃期：包括物流政策及目標之擬定、內部各業務部門（研發、生產、行銷、財務等）之協調及整合、物流委外移轉作業計畫擬定（包括移轉時間表、人力、成本等項目）、選擇專業物流公司標準之訂定。

(二) 推動期：包括選擇專業物流公司、委託合約之談判及議定、移轉作業協調工作之沙盤推演、正式進行物流工作之移轉。

(三) 回饋期：包括溝通與協調工作機制不斷運行、利用績效衡量指標檢討運作結果、持續維持長期合作關係。

而委外物流合約之簽訂，一般包括草約議定、內部審查、正式簽訂合約三階段。

三、簽訂物流委外合約時應注意之事項

(一) 雙方應具互信態度：物流委外的最根本精神是雙方能夠相互信任，才能使物流委外之目的真正達成。

(二) 專業物流公司應具合法性：由於許多營業機密可能隱藏在委託事項之內，未找到合法專業物流公司，有可能發生企業產品無法準時、正確送達指定人的手上。

(三) 簽訂時間、合約有效期、起始終止時間應明確規範。

(四) 合作關係應明確界定。

(五) 主體合約之內容應採通則型，以保留彈性。

(六) 服務合約應明確規定，以作為作業依據及標準：包括對設施標準與作業處理規範兩大部分的訂定。

(七) 保險及理賠事項之規範：包括基本保險方式與理賠相關事宜之兩大規範。

企業物流委外合約的簽訂與須知

委外物流合約3種類

1. 正式合約
   ① 主體合約
   ② 服務合約
   ③ 合約附件

2. 簡式合約

3. 非正式合約

委外物流合約之簽訂流程

1. 草約議定階段
包括物流作業細節與計畫，以及價格條件、付款方式、執行績效標的。

2. 內部審查階段
包括整合法務與財務部門意見、修改條文、附件準備完成，以及最後進行內部核定作業。

3. 正式簽訂合約階段
包括負責人用印、公證、正副本分送及存檔。

簽訂物流委外合約時應注意7事項

1. 雙方應具互信態度

2. 專業物流公司應具合法性

3. 簽訂時間、合約有效期、起始終止時間應明確規範
→ 除上述相關時間因素應有明確規範外，另應考量續約及自動延長條款、有效期間不違約終止條款、有效期間違約終止罰則及理賠條款。

4. 合作關係應明確界定
→ 雙方合作關係之所以要明確界定，主要原因是如果不予明確界定，可能發生物流作業銜接上產生衝突。

5. 主體合約之內容應採通則型，以保留彈性
→ 至少包括服務內容及服務範圍、服務設施及服務地點、服務期間（含生效日及終止日）、價格條件、付款條件、服務品質要求、保證條款、競業條款、保險及理賠條款、保密條款、合約更改規定、商務仲裁、法源適用及受理法院等項目。

6. 服務合約應明確規定，以作為作業依據及標準
   ① 設施標準
   → 包括倉儲設備之各種標準、運輸車輛類型、資訊系統聯絡方式及傳輸方式、棧板與耗材規格等。
   ② 作業處理規範
   → ❶正常作業時數、截單時限、正常完成時數。❷異常緊急配合作業規範、相對緊急處理費用。❸儲存配送條件限制。❹配送路徑、頻率、限定到貨時間、交貨方式之訂定。❺允收標準訂定（即是接收貨物之標準）。❻最低訂單、出貨量設定。❼存貨盤點作業方式、次數及盤盈虧處理方式。❽退貨作業方式及時數之訂定。❾報廢品處理方式。❿合約終止移倉作業規範及計畫標準之訂定。

7. 保險及理賠事項之規範
   ① 基本保險方式
   → ❶委託人對貨品應自行投保存貨險（火災、水災等天災）。❷受託人對貨品儲倉期間之倉儲及相關設備設施應投保財產險，保費由受託人自付。❸貨品運輸過程中，如有必要，委託人亦可自行取得產品移動險。❹不明原因或受託人疏失所造成之損失，由受託人賠償。
   ② 理賠相關事宜
   → ❶受託人得經由委託人協助取得保險公司理賠之確認。❷受託人因不明原因或疏失所造成之貨品賠償，應設定以進貨成本作為成本價格，並議定賠償上限。

Unit **6-13**
物流委外之績效評估與合作關係

圖解物流管理

企業將物流委外，係基於企業本身辦理物流活動，其效益常低於物流公司，但企業不能只是將物流工作加以委外，更必須有效評估物流委外時的績效問題，以提高物流效率。

一、物流委外之績效評估

(一) 評估重點：包括庫存正確且帳目相符、設備使用具效率、作業效率及正確性，以及客戶服務滿意度四點。

(二) 主要評估指標

1.庫存正確率。

2.訂單達成率：包括配送準時率、回單準時率、回單未缺貨率、計費正確率等。

3.退費準時率：包括運輸收退貨準時率、倉儲退貨率、處理即時率等。

4.原因分析法：包括拒收原因分析、延遲原因分析、缺貨原因分析、異常回報分析等。

5.客戶申訴處理統計資料：包括客戶抱怨紀錄及處理、客戶抱怨統計表等。

(三) 其他相關評估工作：包括評估物流設施之投資狀況、物流核心能力發展狀況、作業人員教育訓練狀況、營收獲利財務狀況等相關工作內容。

二、物流委外合作關係之維繫

物流委外合作關係之理念係依賴在專業夥伴關係、利益分享關係建立之基礎上。其互動關係的維繫主要有下列幾種作法：

(一) 資訊交流作法：包括經營理念、管理政策、年度目標、教育訓練、資源分享等。

(二) 定期之例行工作人員會議：包括衡量指標檢討、改善方案、作業協調、工作人員交流等。

(三) 獎勵措施：包括指標提升獎勵、年度目標達成獎勵等。

(四) 高階主管交流：包括建立互訪機制、相互投資等。

小博士解說　**物流委外效率不佳之處理**

由於企業將物流加以委外，基於專業分工的需要，已在企業間愈來愈普遍，因此，若能透過物流委外的績效評估，來掌握物流活動的效率及效益，有助於企業競爭力的提升。當委外的物流公司對企業本身物流活動的效益不佳時，企業必須斷然處理，不可因物流主管或同仁與該物流公司主管私交而延誤解決，以免衝擊企業的營運。

176

物流委外之績效評估與合作關係

物流委外之績效評估

評估重點

1.庫存正確性	2.設備使用效率
3.作業正確性	4.客戶滿意度

主要評估指標

1.庫存正確率
2.訂單達成率
3.退費準時率
4.原因分析法
5.客戶申訴處理統計資料

其他相關評估工作

1.物流設施投資狀況
2.作業人員教育狀況
3.營收獲利財務狀況

物流委外合作關係

1.資訊交流作法

2.定期之例行工作人員會議

物流委外
合作關係

3.獎勵措施

4.高階主管交流

Unit **6-14**
第三方物流

當企業將部分或全部的物流活動委託給第三方物流（third-party logistics, 3PL），即是企業物流委外之合作對象，實際上，它是專業物流公司。其實許多企業早已透過外部公司提供相關物流服務，尤其運輸及倉儲最常見；但它們大多只涉及單一功能的服務。而專業物流公司則涉及長期的合作及承諾關係，而且亦與雙方作業流程之整合有著密切關係。

一、第三方物流之優缺點

(一) 優點

1.具有物流核心能力：由於第三方物流在物流設備的完整性、功能性上均較一般企業為佳；同時，它在物流整合能力、物流資訊處理能力、物流管理經驗、物流人力及設備之效率等均具有較佳的能力。

2.物流技術的彈性能力較佳：由於第三方物流對於較新物流設備與技術的引進，相對較為積極，以因應客戶之需。而且市場上不同客戶的要求不同，第三方物流亦必須在物流技術上彈性運用，以使物流設備及管理能力發揮至最大效益。

3.其他服務的彈性：第三方物流可能在不同地點擁有倉庫，因此可配合客戶在配銷上進行快速補貨的作業。另第三方物流能提供工作人力調派及資源運用上之彈性。

(二) 缺點：
使用第三方物流最大的缺點是企業將物流委外後，將可能發生對物流活動之運作受制於第三方物流；也就是企業之物流的控制權可能喪失。

二、臺灣現況與執行第三方物流業務應注意事項

臺灣在第三方物流方面，大致可區分為綜合型、專業型、轉業型、宅配型，以及虛擬型五種，企業在執行第三方物流業務時應注意以下事項：

(一) 進行有效溝通： 由於雙方在合作初期，對其組織文化或作業流程並不熟悉，唯有藉由有效溝通，第三方物流才可能真正瞭解客戶的需求與運作流程。

(二) 增加對方的信心感： 由於企業常必須將相關的營運機密經由第三方物流之資訊平臺，所以第三方物流必須從服務、作業流程等方面的表現，設法贏得對方的信心感。

(三) 必須尊重客戶的意見： 第三方物流在物流活動執行上應以對方意見為主，而不能單以本身的方便性作為考量。若從實務的專業角色判斷客戶的意見可能會出現狀況時，亦應主動告知。

(四) 有義務保護客戶之業務機密： 由於物流活動隱藏許多企業的業務機密，因此第三方物流有義務保護客戶之業務機密，以免使客戶在市場上受到衝擊。

(五) 績效評估方式應事先溝通： 由於雙方在合約上常會依據績效評估訂定雙方權利義務關係，所以影響這些權利義務的評估指標及方法應由雙方先行討論。

(六) 其他注意事項。

什麼是第三方物流？

當企業將部分或全部的物流活動委託給第三方物流時，此即是前述之企業物流委外之合作對象，實際上，它是專業物流公司。

第三方物流優點vs.缺點

優點
1. 具有物流核心能力
2. 物流技術的彈性能力較佳
3. 其他服務的彈性

＞

缺點
企業物流控制權喪失

臺灣專業物流公司現況

① 綜合型：具有多類型功能之物流服務業務。

② 專業型：即是第三方物流僅專注於單一業務。

③ 轉業型：即是將本業轉型為第三方物流。

④ 宅配型：即是結合通路業或自行發展物流等。

⑤ 虛擬型：即是僅提供物流仲介、諮詢、網路平臺服務。

第三方物流業務執行6須知

1. 進行有效溝通

6. 其他注意事項
第三方物流在執行物流業務時應注意之事項尚包括仲裁問題、解約條款、轉包可能的相關準則或規範、定期報告之提供等。

2. 增加對方的信心感

第三方物流業務執行須知

5. 績效評估方式應事先溝通

3. 必須尊重客戶的意見

4. 有義務保護客戶之業務機密

Unit 6-15
第四方物流

第四方物流（4th party logistics, 4PL）是物流業的新趨勢之一。一般而言，第四方物流具有經營橫跨整個策略性專業知識，與真正能整合供應鏈中各個流程的技術，而且他們常全心投入在其核心能力，如運輸與倉儲之經營。

一、第四方物流之定義

第四方物流係為供應鏈之整合者，它具備整合組織內部與合作夥伴（如第三方物流業者、技術服務業者等）的所有資源、能力與技術的能力，進而提供一個完整供應鏈解決方案給客戶，使其在營運上能有更大跨功能的整合能力。此類業者較著名者，如EXE Technologies。

二、第四方物流與第三方物流之差異

第四方物流與第三方物流有所不同，其差異點在於第四方物流業者能提供完整的供應鏈解決方案；第四方物流業者利用對供應鏈的服務，提供客戶創造更多的價值（尤其每一個環境中價值之創造），例如：增加營業、降低營運成本等；第四方物流業者的作業層面常包括客戶的完整供應鏈的活動，以及第四方物流業者常會與其客戶形成長期的合作關係等四點之不同。

三、第四方物流受到重視的原因

第四方物流近年來成為產業重視的發展趨勢之一，由前述物流產業之發展，可看出第四方物流頗能符合那些物流趨勢之要求。

(一) 第四方物流能提供完整供應鏈的所有解決方案：第三方物流僅能提供供應鏈中部分作業的解決方案，因此在物流工作上可能會產生流程銜接的問題及困擾。第四方物流恰可以儘量解決此問題。即是在單一窗口的作業模式下，可提供企業較佳供應鏈的全套服務。

(二) 第四方物流可使企業全力投入核心技術之發展：由於企業資源有限，而第四方物流恰能提供完整供應鏈的解決方案，因此企業可全力將本身資源投入核心技術的發展，使其企業更具競爭力；同時也可設法全力解決客戶的問題，不必將資源與努力放置在供應鏈的活動上。

(三) 第四方物流能減少企業在管理上之困擾：由於企業的管理幅度愈大，其效率愈低。企業若能將其人力資源全心放在培育及管理核心人力資源部分，而將供應鏈中可以委外的部分交由第四方物流處理，將可大幅提升管理效率；同時也可因此降低企業在人力上的成本負擔（如退休金）。

(四) 第四方物流能建構供應鏈知識管理：第四方物流具供應鏈完整解決方案能力，因此對供應鏈知識管理的系統建構更為容易，這對協助客戶解決供應鏈管理上的問題較有幫助。

什麼是第四方物流？

第四方物流係經由整合不同業者的服務，進而提高供應鏈的每個環節不同的價值，並藉此改善企業在供應鏈管理上之效益。

第四方物流與第三方物流差異處

第四方物流

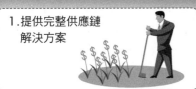

1. 提供完整供應鏈解決方案

3. 作業層面包括客戶完整供應鏈的活動

2. 提供客戶創造更多的價值

4. 與客戶形成長期的合作關係

第四方物流受重視原因

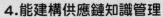

4. 能建構供應鏈知識管理

3. 減少企業在管理上之困擾

2. 能提供完整供應鏈的解決方案

1. 可使企業全力投入核心技術的發展

Unit **6-16**
供應管理

供應管理是企業在供應鏈管理中的一個重要環節，故須慎重擬定計畫並評估之。

一、供應規劃

供應規劃是供應管理（supply management）之一環，因此企業的供應規劃在擬定計畫時，應同時考慮企業所有限制因素，包括物料、產能及配銷。若在規劃時能將供應商或外包廠的因素一併考量，透過快速有效的溝通與資料交換，能使企業供應規劃的需求更為明確，如此將使企業的供應商能配合企業的供應計畫，這有助於減少企業在需求管理上所面臨困境（如產品出現短缺，無法支應市場需要）。而供應規劃所延伸出來的供應計畫與企業內部資源分配的方式，將作為企業需求管理的重要依據。

二、供應管理之評估與選擇

企業在著手供應管理的任何工作前，必須先針對供應管理進行內部評估，包括公司內部供應部門是否具備高專業採購能力；公司內部是否提供物料詳細說明書及需求書；公司選擇供應商程序是否較其他業者更為完整；公司選擇供應商時是否以整合性因素考量，而非僅以價格作為決策依據；採購項目及條件是否符合市場需求；公司是否與供應商維持良好的互動關係；公司採購部門員工是否具備足夠的專業知識，以應採購之需；公司對供應商之選擇是否任意或反覆無常，即是缺乏採購制度；公司供應部門人員是否具備談判協商的能力；公司供應部門人員是否在談判協商上採公平、合理的態度；公司是否需要投入更多書面作業時間及人力，以應顧客所需；公司是否面臨不同顧客，但為相同產品訂單的情形，其比例有多大；公司因狀況而必須修正訂單的比例有多大，與其他業者比較又如何；公司供應部門人員檢查訂單的次數如何，與其他業者比較又如何；公司對控制採購產品品質的努力做得如何；公司的部分採購是否由營運部門的人員負責，與其他業者比較又如何；公司的銷售人力在推銷公司產品時是否只考慮營運作業人員，而忽略供應或採購人員之狀況；公司對採購的支付是否能準時；公司的供應作業是否以官僚制度在運作，而非以電子化作業方式；公司是否具備與單一供應商協商談判的能力；公司營運作業人員是否參與採購決策之制定，與其他業者比較又如何；公司對於供應管理是否與供應商建立一個長期關係，以及公司內部供應部門與營運部門對於相關訂單是否採取一致性作法等二十三個評估項目。

三、電子化供應商之選擇

選擇供應商的目的是要找出潛在供應商，並且研究其是否適合。一般而言，其初步步驟包括送出投標邀請函，蒐集及分析回覆情形；有時為因應時間的緊迫需要，可能必須放棄廠商邀約的完整性。第一次淘汰後獲選的供應商將收到詢價單，載明提議的交易條件，經協商後，最後僅選出少數的供應商，並列入供應商的名單中。由於電子化供應鏈管理受到企業重視，所以電子化供應商選擇的方式逐漸被企業採用。

供應規劃與管理

供應規劃是什麼？

供應規劃主要是在協助企業對供應鏈中之資源進行最佳的規劃，以因應市場上多變的環境。

企業進行最佳供應規劃之考量

企業供應規劃流程係為達成企業需求管理的資源供應計畫，也就是企業將本身在供應鏈中的各項因素列入考量後，計算出最佳的供應計畫。一般企業在著手最佳化供應規劃時，常須考量的問題如下：

1. 在物料、產能與配銷的相關限制條件下，能夠將這些內部資源依客戶的重要程度或是策略性產品的要求等因素予以分配，以確保該企業能提供較高的服務水準。
2. 經由企業內部的生產、訂單處理之協調機制（如先進規劃與排程系統）和精確的庫存管理系統，以有效掌握庫存狀況，避免受到市場風險之衝擊。

供應商之評估與選擇

1. 專業採購能力
2. 整合性因素考量
3. 良好互動關係
4. 符合市場需求
5. 具備談判協商能力
6. 採購的支付準時性
7. 電子化作業方式
8. 長期合作關係
9. 作業人力充足性

何時採取開放式訂單？

有時企業在採購庫存物料時，常會採取所謂的開放式訂單（blanket order），要求供應商供應符合庫存預測的需求。由於採購具有重複性的特性，而且頻率可能很高，所以企業常可能針對此類物料與少數供應商建立長期關係，尤其關於關鍵性零組件或物料最常見。

電子化供應商之選擇作業

電子化採購可接觸全球的潛在供應商，而且創造出虛擬市集，透過電子紀錄，找到合適的供應商。

1. 確認供應商：有四項電子化技術可供使用，包括電子市場、搜尋引擎、線上產業目錄、電子化產品目錄四種。此項流程電子化可改善正確性及減少循環時間、人力與成本。

2. 研究供應商：企業針對供應商的基本資料進行研究，才能瞭解是否合適，包括其出貨紀錄、品管、目前的客戶及財務狀況。電子化工具包括專業市場研究、專業搜尋引擎、專業資訊目錄、線上產品目錄四種。在採用上述電子化工具之時，必須注意正確性與完整性的問題。

3. 訂定價格合約：企業可利用電子版的詢價單提供給供應商，並接受其報價。對於長期有合作關係的策略供應商而言，這些資訊交流是依需求預測所採用的報價，包括電子化溝通、電子化報價管理兩種工具。上述工具不但可取得定價與其他分析資訊的方式，且可降低成本及循環時間，而電子化溝通可降低流程的複雜性。

4. 開立開放性的採購訂單：企業以電子化方式接受開放式採購訂單的供應商，以直接且安全的方式連線，以便供應商取得物料的庫存狀況及使用模式，包括電子化自動補貨系統、電子化溝通系統、電子化預測系統三種電子化技術。上述電子化技術可使供應商取得即時資料，而且針對需求預測產生之變動進行立即溝通。

Unit **6-17**
供應商發展

供應商發展係指企業為配合本身營運之供應需求，必須設法改善供應商的績效。

一、供應商發展之實務作法

企業改善供應商的績效與供應能力的方法，包括1.支持供應商的營運，提供相關誘因，以改善其績效；2.設法鼓勵供應商間相互競爭，以及3.直接教導供應商如何執行供應作業，而不僅是透過訓練或其他活動完成任務等三種。

(一) 效果：供應商發展可協助改善其發展供應流程，進而改善其績效。甚至，此供應商能進一步影響其他供應商改善績效。最後，有助於整個供應鏈更具競爭力。

(二) 條件：供應商發展所需要之條件，包括廠商間應對其財務、資本、人力資源等有所允諾；分享即時及高敏感的資訊，以及規劃高效率的衡量指標與計畫三種。

(三) 最佳實務作法：供應商發展已有許多很好的個案可供參考，茲彙整如右。

二、發展供應商管理的關鍵因素在於協同作業

(一) 協同作業包括許多承諾：即是提供財務協助或訓練，並設法協助消除浪費和品質、運送、循環時間與成本等議題上進行改善。

(二) 協同作業必須進行溝通：即是正面的協同作業是建立在高效率的溝通水準上，以有效管制供應商發展計畫。

(三) 協同作業應進行衡量工作：欲達到有效的供應鏈效率，其成果的財務紀錄應予開放；同時應分享其財務紀錄及成本資料。

(四) 協同作業必須具備互信基礎：為達成供應商發展計畫，大量資訊必須透過供應鏈中各參與公司的努力。故只有在互信前提下，才能促使不同公司進行資訊分享。

三、供應商發展的步驟

一般而言，供應商發展有其一套作業步驟，各企業可能會依其環境不同而有所差異。常見的步驟包括確定和檢視績效缺口、檢討計畫如何達到目標、計畫的重點在於追求雙方的協議、分析供應鏈不當的流程發生在哪些地方、比較績效缺口與欲追求的狀況、建立計畫的運作模式及基準、蒐集及分析資料、發展改善策略、發展執行計畫、計算投資報酬、產生和檢視一個可行的供應商管理，以及管理改善計畫等十二項。

四、供應商發展的障礙

推動供應商發展的工作常會面臨某些障礙，包括不良的溝通及回饋機制、自滿、缺乏改善的指導方向、顧客的不信任、缺乏正確概念的採購能力、未能訂定契約、缺乏合作的供應來源、故意隱匿問題、缺乏理性的作法、發展計畫引發雙方疲乏、資源受到限制、不尊重供應商的文化、缺乏互信、信心不足、法律問題，以及雙方關係處於不均衡的狀態中等十六種常見障礙。

供應商發展作法與關鍵管理

供應商發展最佳實務作法

① 組成一個精良的供應發展團隊。
② 教導供應商從供應發展團隊中，學習到發展本身最初的指導方針。
③ 集中在探討長期的問題。
④ 集中心力在研究供應中的消耗性活動。
⑤ 參與供應商新產品發展程序。
⑥ 對供應商提供訓練計畫。
⑦ 在訓練計畫外提供教育計畫。
> 訓練計畫與教育計畫係屬兩個不同層次的學習計畫。

⑧ 對供應商辦理改善績效研討會。
⑨ 提供工具及技術，以協助供應商推動業務。
⑩ 提供供應商支援中心。
⑪ 出借管理技能（或專業人才），包括流程工程師、品管經理等。
⑫ 引導供應商的人力朝供應商發展計畫方向進行。
⑬ 設置擴張目標，以激勵根本的改變及持續性成長。
⑭ 改善會計系統，以建立改善的衡量指標。
⑮ 分享從發展計畫中所獲得之成本節省方法。
⑯ 激勵供應商努力於改善與買方的作業程序。
⑰ 改善供應商的回收系統，以協助供應商的發展。
⑱ 改善供應商的供應管理系統。

發展供應商管理的關鍵項目

發展供應商管理的關鍵因素在於協同作業，而其中可從四項內容進一步瞭解：

1.協同作業包括許多承諾

3.協同作業應進行衡量

2.協同作業必須進行溝通

4.協同作業必須具備互信基礎

供應商發展障礙

1.不良的溝通與回饋機制
2.顧客的不信任
3.未能訂定契約
4.缺乏合作的供應來源
5.資源受到限制
6.法律問題

Unit **6-18**
供應商關係管理

供應商關係管理（supplier relationship management, SRM），係就企業在推動供應鏈管理（SCM）時，必須維持與供應商之間的長期互信、互利關係，以達到追求雙方在供應鏈中獲得更大的利益。在電子化中，供應商關係管理系統常包括一些重要的組成，例如：設計及工程部分（如協同設計等）、策略供應來源部分（如訂單及支出分析、供應商能力分析、選擇供應商、詢價系統等）、價值工程方面（如契約發展等）、採購方面（如採購），以及內部物流方面等。以下將就供應商關係管理的重要觀念及作法，進一步說明。

一、企業與供應商之互動關係

企業與供應商互動關係，常可從下列各項作法運作之：

(一) 監督與控制供應商之績效：一般進行監督與控制供應商之績效，必須依據績效指標執行之；若設定之績效指標正確，則監督與控制供應商之績效較為容易。常見評估面向包括供應管理、運送、會計、工程、品質五種，其詳細評估指標整理如右。

(二) 企業對供應商之誘因：有關企業對於供應商在誘因作法上，包括處罰及報償兩項。在處罰方面，最大處罰係對於無法滿足企業供應績效的供應商，將依契約之規定，直接降低其物品提供之數量，這是最具力量的誘因；其次，降低供應商的供應等級，以減少供應商未來獲得訂單的機會；最後，則是退單，以示警告。

而報償方面，最大的報償是提供更多的供應機會給供應商。

(三) 協助：包括進行訓練、著手品質稽核和供應系統之檢視、提供問題解決之道（包括技術與管理層面的問題）。

(四) 其他互動方法：包括舉辦供應商年度討論會、供應商非正式學習分享會議、供應商研討會等活動，以提升供應商配合績效與能力。

二、供應商關係管理之作法

供應商關係管理除利用電子化的各種系統建構相互間的互動關係，更重要的是實務上必須進行下列工作：1.內部跨功能性團隊應建立一套發展與管理計畫，以進行整合，並發展及管理適當的作法；2.買賣雙方的跨功能性團隊成員應接受團隊合作的訓練；3.雙方應建立道德標準必須超過權宜措施的觀念；4.兩個組織應發展整合性的溝通系統，以符合雙方合作需要；5.設法增加及衡量雙方的互信關係；6.安排關鍵技術人員的工作互換，並相互拜訪對方公司；7.在品質、成本、時間及技術上，建立可衡量的因素；8.對於改善過程，應予監視及適度管理；9.內部團隊成員必須與對手或合作對象建立更多的接觸；10.應規劃及執行訓練課程，包括品質、供應管理、價值分析、策略成本分析、ABC成本分析法等；11.企業內部成員應互相競爭，以確保他們的組織能瞭解和支持聯盟目標，以及12.由這些企業代表所組成的內部團隊，應接受跨功能團隊技巧的訓練。

供應商關係如何管理？

企業與供應商之互動關係

1. 監督與控制供應商之績效

①供應管理方面
→❶運送的時程是否準確？❷在限價下之運送情形如何？❸具競爭力的價格如何？❹例行文件之準確性如何？❺企業預期之需求如何？❻對於緊急事件是否提供協助？❼是否具有單一供應來源的地位？❽現行供應商價格、產品項目及技術資訊如何？❾是否具備快速完成資訊蒐集作業的能力？❿對於潛在麻煩問題是否會盡到提醒的義務？⓫勞資關係是否良好？⓬會不會在可預期的情況下接受要求？⓭是否提供保證承諾？⓮是否維持良好關係？
②運送方面
→❶運送是否有一定的指示？❷是否有適當的運送服務？❸是否有良好的外包裝？
③會計方面
→❶單據是否正確？❷是否曾發生信用延誤情形？❸是否會要求特殊的財務考量？
④工程方面
→❶是否保留產品可靠度的過去紀錄？❷對於困難工作是否具備解決問題的技術能力？❸對於近期內才發生之缺點是否願意承擔責任？❹在緊急事件中，是否可提供快速且具效率的資料？❺是否快速提供必要性之資料？
⑤品質方面
→❶是否提供高品質的物料？❷是否提供許可證等證明文件？❸對於正確的行動是否予以回應？

2. 誘因
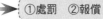
①處罰　②報償

3. 協助
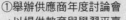
①訓練　②提供問題解決之道

4. 其他互動方式
①舉辦供應商年度討論會
→以提供教育與學習平臺。
②舉辦供應商非正式學習分享會議
→與會人員大多是高階主管，討論內容包括管理面、技術面及供應管理面。
③舉辦供應商研討會
→目的在創造供應商的改革機會。

供應商關係管理作法

① 建立一套發展與管理計畫
② 跨功能性團隊的團隊合作訓練
③ 發展整合性溝通系統
④ 衡量雙方的互信關係
⑤ 建立可衡量因素
⑥ 監視及管理改善過程
⑦ 規劃與執行訓練課程
⑧ 關鍵技術人員的工作互換
⑨ 內部團隊必須與合作對象建立更多接觸

Unit **6-19**
供應商庫存管理

　　近年來，企業對供應商管理均以重要課題視之，本文以通路系統中之批發商、零售商等之供應商作為討論方向，製造業對其上游供應商的作法應是大同小異，亦可參考辦理。

一、供應商庫存管理之定義與其效益

　　供應商庫存管理（vendor managed inventory, VMI）是一種庫存管理方案，用以瞭解庫存狀況及銷售資訊，提供企業內部進行市場要求預測與庫存補貨之參考，以快速回應市場變化與消費者之需求。

　　當然，VMI不但可使庫存量達到最佳化，而且可改善需求預測、補貨計畫、輸配計畫，進而降低資金成本。

二、VMI作業模組

　　VMI作業模組可分為需求預測計畫模組與配銷計畫模組兩部分。需求預測計畫模組可提供準確的需求預測；配銷計畫模組則可明確使供應商瞭解應銷售何種產品、銷售對象為何、銷售價格，以及銷售時點等細節。茲詳細說明如下：

(一) 需求預測計畫模組

　　1.資料來源：包括從客戶訂貨歷史資料，以及非客戶訂貨歷史資料（市場資訊），如促銷活動資料等兩種管道取得資料。

　　2.需求預測程序：依序為產品活動資料之蒐集；進行需求歷史分析；利用統計分析方法，依平均歷史需求、需求動向、客戶需求週期等進行分析，做出初步之預測模式，以及利用統計工具模擬不同條件（如廣告、促銷活動、市場變化、價格變動等），分析出調整後之預測需求等四種程序。

(二) 配銷計畫模組

　　1.資料來源：包括從產品活動資料（如銷售相關資料）、計畫時程與預測資料（如訂單預測量、預定出貨日期等）、訂單確認資料（如訂單量、出貨量、出貨日期、輸配地點等），以及訂單資料等四種管道取得資料。

　　2.補貨作業程序：VMI產生配銷計畫後，即可進行補貨作業。其作業方式依序為每日或每星期將正確商品活動提供給供應商；進行與該商品歷史資料之比較與預測分析；進行商品預測處理；根據市場狀況、銷售情形，針對上述預測進行調整；供應商應按調整後之預測量及補貨預先設定之條件、配銷條件、客戶要求之服務等級、安全庫存量等資料，推估最佳之訂單量；依現有庫存已訂購量產生最佳的補貨計畫；透過自動貨物裝載系統計算出最佳輸配計畫；依據上述最佳訂購量，供應商內部則可產生批發商或零售商所需之訂量，以及供應商將產生之訂單確認資料傳送至批發商、零售商，再由批發商或零售商進行最後確認等九項程序。

供應商庫存管理之效益與作業

供應商庫存管理之效益

① 可掌控實際市場需求資訊

② 瞭解消費者需求之變化狀況

③ 提高庫存量控制能力

④ 提高補貨計畫、輸配計畫之效率

⑤ 降低營運資金成本

供應商庫存管理作業模組

需求預測計畫模組

資料來源

1. 客戶訂貨歷史資料
2. 非客戶訂貨歷史資料

需求預測4程序

1. 產品活動資料之蒐集
2. 進行需求歷史分析
3. 利用統計分析方法，做出初步之預測模式
4. 利用統計工具模擬不同條件，分析出調整後之預測需求

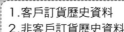

配銷計畫模組

資料來源

1. 產品活動資料
2. 計畫時程與預測資料
3. 訂單確認資料
4. 訂單資料

補貨作業 9程序

1. 每日或每星期將正確商品活動提供給供應商
2. 進行與該商品歷史資料之比較與預測分析
3. 進行商品預測處理
4. 根據市場與銷售現況，調整上述預測
5. 供應商應按調整後之預測量及相關資料，推估最佳之訂單量
6. 擬定最佳補貨計畫
7. 算出最佳配貨計畫
8. 依據上述最佳訂購量，供應商內部可產生廠商所需訂量
9. 供應商將產生之訂單確認資料，傳送廠商進行最後確認

Unit **6-20**
逆向物流作業

　　逆向物流過去常被忽略，但隨著人類對環保問題的重視，它逐漸成為企業重視的一項議題，尤其ISO14000制度的推動，更成為物流管理中的主流活動之一。

一、逆向物流之作業內涵

　　逆向物流在物流中包括產品退回、產源減量、再生、物料替代、物品再利用、廢棄物清理、再處理、維修與再製等活動。其作業內涵說明如下：

　　(一) 產品退回：即是企業在從事運送過程中，應加強對瑕疵品退回的管理。

　　(二) 產源減量：即是產品生產過程中，儘量運用節省資源的作法。

　　(三) 物料替代：即是對產品使用的資源，儘量使用其他對環境沒有影響的替代性資源。

　　(四) 再生：即是對產品的再生成本與利益進行評估，以決定再生程序最適當的種類及範疇。

　　(五) 物料再利用：即是對可回收的資源應設法加以再生利用。

　　(六) 維修：即是增加產品的維修服務，以減少產品提前報廢的狀況，進而減少資源的耗費。

　　(七) 廢棄物清理：即是對企業廢棄物應依一定程序，依法加以處理。

二、逆向物流管理之考慮因素

　　(一) 法律因素：由於各國對於環保問題日趨重視，故相關的環保法令不斷被制定出來，而它確實對產品的生產具有關鍵性的影響，企業絕不可忽略其重要性。尤其法律強制規定的部分，若企業不加遵守，一旦被查獲，將可能造成企業的結束。因此企業應在生產過程中多加考量其責任。雖然目前對逆向物流的法律規定並不完整，但至少在廢棄物處理上已有嚴格要求，企業不可輕忽。

　　(二) 成本效益因素：任何企業活動都必須考量其成本問題，尤其在經由成本效益分析的結果，常是決定企業活動的抉擇。而企業在執行逆向物流管理時，除法律規定或其他因素的考量外，至少都必須效益大於成本。

　　(三) 社會因素：由於企業是社會的一分子，因此它對於社會的公義或責任都有必要善盡責任。而社會責任不只是從事所謂的社會福利或藝術文化方面的責任，其實更基本的是生產過程中，必須擔負起社會責任。尤其逆向物流的活動對環境常有很大的影響，所以企業更須在此方面投注更多的努力。

　　(四) 組織因素：逆向物流管理的過程中，包括內部組織與外部組織均參與其中。企業應先對內部員工施以教育訓練，建立正確的逆向物流管理觀念。至於外部組織的合作意願也常會影響逆向物流的執行成效，所以對外部組織的有效溝通非常重要。

　　(五) 評估系統因素：由於產品生命週期評估包括原料來源至最後廢棄物之處理，所以整個物品生命週期之評估包括物料使用、能源耗損、污染生成狀況等分析。

逆向物流作業之內涵與考量

美國物流管理協會定義

逆向物流管理

以廣義的觀點說明產源減量（resource reduction）、再生（recycling）、替代（substitution）、物料再利用（reuse）及廢棄物清理等方法進行的相關物流活動，在物流程序中扮演物品再生、廢棄物清理的角色。

逆向物流之作業內涵

包括使用環保原料、物料再使用、以再製及再處理方式，延長物品使用的生命週期。

1. 產品退回
2. 產源減量
3. 物料替代
4. 再生
5. 物料再利用
6. 維修
7. 廢棄物清理

逆向物流管理之考慮因素

1.法律因素	各國政府的環保法令對企業逆向物流的活動確實有明確的影響，企業不可輕忽。
2.成本效益因素	企業除法律規定或其他因素的考量外，至少都必須效益大於成本。
3.社會因素	逆向物流的活動對環境常有很大的影響，所以企業更須在此方面投注更多的努力。
4.組織因素	①對外部組織的有效溝通可說是逆向物流是否成功的重要因素。 ②目前在供應鏈管理上，已透過共生合作的觀念，逐步在推動逆向物流管理，甚至出現由專業的逆向物流業者直接執行此項任務。
5.評估系統因素	評估的範圍大小、嚴格程度等均會影響逆向物流管理。

Unit **6-21**
逆向物流管理之策略

　　逆向物流管理之策略因各國環境不同、各企業的生產狀況及條件之差異等因素，可能採取之策略並不盡相同，但是依照過去經驗，至少可包括下列作法，茲說明之。

一、逆向物流管理的策略

　　(一) 產源減量與再生策略：企業在逆向物流管理上，首先可使用的方式是從源頭解決逆向物流中的廢棄物，即是多利用環保原料、物料再利用，或以再製造或再處理的方法延長物品的生命週期。

　　(二) 減少包裝、包裝回收與再使用策略：產品包裝包括內包裝及外包裝，表面上包裝愈精緻愈能吸引消費者的眼光，但它卻是具有嚴重的環保問題。因此企業若能從減少包裝、使用可回收包裝材質等，均是一種正確的逆向物流管理策略。

　　(三) 再生策略：企業應多利用產品再生計畫，減少對環境之汙染；若能在成本效益評估下，採取合適的再生種類及範疇，更能達到有效的逆向物流管理的目標。

　　(四) 投資復生計畫之策略：由於所有的物品均可透過處理而成為另一種資源，因此企業若所產生之廢棄物規模夠多，則可自行投資物品復生計畫，以達到物品復生的目的。這不僅符合環保理念，同時也是另一種型態的投資計畫。

　　(五) 逆向物流之委外策略：目前愈來愈多的正向物流管理係透過委外方式辦理，第三方物流及第四方物流成為物流管理上之主流。相對的，逆向物流若是透過委外方式辦理，相信也更具效率，尤其逆向物流的規模不夠大時，更應採委外策略。

　　(六) 環保運輸策略：即是企業應擬定出一套具環保觀念的核心運輸計畫，它不僅可減少環境汙染，同時相對將降低運輸成本，提高服務品質。

　　(七) 逆向物流與環保訓練策略：企業透過教育訓練，建立內部組織及外部組織對逆向物流與環保的正確觀念。

　　(八) 企業環境報告策略：企業若能透過對本身的環境報告來瞭解本身對逆向物流的管理程度，這也是有效督促自身改善逆向物流管理的方式。

　　(九) 環境與逆向物流稽核策略：企業為了加強本身對環境及逆向物流的管理，可透過合理的稽核制度辦理。一般包括稽核的主要項目為何、稽核的相關程序，以及依產業或產品特性制定之稽核制度。

　　(十) 跨供應鏈逆向物流策略：不同供應鏈之間的逆向物流若能加以整合，將有助於提高逆向物流管理之效率。

二、環境管理系統

　　環境管理系統係針對使用降低環境衝擊的原材料等進行管理，目前全球最受重視的環境管理系統即為ISO14001及ISO14004兩種規範。企業未來在逆向物流管理上必須依據ISO14000的規範，否則可能會被先進國家列為拒絕往來戶。更重要的是，若能將其觀念及作法內化成組織內部能力，將會對逆向物流管理產生相當大的貢獻。

逆向物流管理之策略及系統

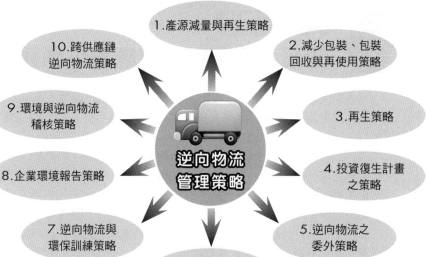

- 1.產源減量與再生策略
- 2.減少包裝、包裝回收與再使用策略
- 3.再生策略
- 4.投資復生計畫之策略
- 5.逆向物流之委外策略
- 6.環保運輸策略
- 7.逆向物流與環保訓練策略
- 8.企業環境報告策略
- 9.環境與逆向物流稽核策略
- 10.跨供應鏈逆向物流策略

逆向物流管理策略

環境管理系統

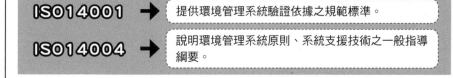

環境管理系統主要針對使用降低環境衝擊的原材料等進行管理，包括回收、再利用、物品替代、製程改變、有效率使用資源、汙染預防等。

目前全球最受重視的環境管理系統

ISO14001 → 提供環境管理系統驗證依據之規範標準。

ISO14004 → 說明環境管理系統原則、系統支援技術之一般指導綱要。

企業未來在逆向物流管理必須依據的環境管理系統

ISO14000　　　　　ISO14000

結局

被先進國家**接受**　　　　被先進國家**拒絕**

Unit **6-22**
個案　美西封港效應與供應鏈管理

　　美西封港事件對美國及亞洲國家的經濟造成相當大的衝擊。甚至摩根史坦利公司的經濟學家謝國忠警告，如果美西封港持續一個月以上，東亞經濟將陷入衰退。

　　美西封港後，對臺灣電子業美西供應鏈產生極大衝擊。即使港口立即恢復運轉，但當地堆積的貨物至少需一個月才能消化完畢。依據臺灣電子產業在當地倉儲約兩星期的庫存水準推算，很可能在十月下旬便發生電子供應鏈無法銜接的情形。目前國際大廠Dell、HP已與臺灣代工廠商緊急磋商因應策略。

　　Dell公司執行長Dell表示，目前其產品備料僅有一週半，若不能即時解決封港危機，則供貨將立即發生缺貨問題。而HP、Gateway等公司則希望代工廠以轉換港口登陸的方式解決，但由於部分零組件如機殼等大型產品，即便更換航運路線，但因體積大、利潤低，更換航道的可行性有限。

　　目前臺灣的電子業者如鴻海、華碩、宏基等公司在美國均有全球運籌布局，以設於客戶旁的提貨倉庫為主，另外則尚有生產組裝線。主機板與準系統等產業，目前存貨約為二至三週。因此若封港事件再不結束，則電子業供應鏈的缺口將出現。

　　光寶公司在封港事件中表現甚佳，該公司在面對危機時，立即研擬一套完整的危機處理方案，從運輸的調配與價格談判，到各部門當地倉庫的互相支援，與內地運輸的協調，做了一次頗佳的示範。由於光寶公司合併前的各企業，在美國的運輸模式與倉庫布局完全不同，因合併時間不長，彼此瞭解也有限；但經妥善整合後，發現將各地的倉庫、生產線相互支援，則已達到資源互流的目的，也能因應此次危機挑戰。

　　光寶公司因應封港危機的作法是，首先確定各部門在美國的運籌據點，一方面清點庫存水準，一方面相互支援。即是旭麗有19個倉庫（其中5個在西岸），光寶有3個倉庫，源興則有4個發貨倉庫全在西岸，建興則有20個倉庫。上述倉庫先前因為積極補貨，所以倉儲水準高達三週至一個月，比其他公司高。若仍無法解決問題，則考慮航線改道與提高空運比重。同時該公司因感於碼頭罷工事件頻傳，可能帶來交貨風險，所以早改與航運公司簽約，確認私有卸貨碼頭的服務，屆時公司的貨物將獲得優先處理。

資料來源

1. 林秀津，美西封港效應與時間賽跑，《工商時報》，2002年10月7日。
2. 曠文琪，電子業美西供應鏈最快下旬斷料，《工商時報》，2002年10月7日。

個案情境說明

美西封港對臺灣電子業美西供應鏈產生極大衝擊

國際大廠如HP希望代工廠以轉換港口登陸的方式解決，但部分零組件更換航道的作法並不容易。	臺灣電子業如鴻海、華碩等以設於客戶的提貨倉庫為主；另有生產組裝線，但在短期間，則電子零組件廠商的壓力將大幅增加。	光寶公司提出一套完整的危機處理方案，從運輸調配、價格談判，到各部門當地倉庫的相互支援，內地運輸的協調，均有頗佳的示範。

 動動腦

◎請您以供應鏈管理專家的立場，對光寶公司的危機應變模式予以評論。

◎電子供應鏈管理模式在面對美西封港或美國911恐怖攻擊事件所產生之危機，應採取哪些調整作法，而不至於陷入斷料的危機？

◎對於採取全球運籌模式的企業而言，在面對封港事件時，若採取下列處理流程加以因應，您覺得是否正確？請加以評論。作業流程如下：

(1) 第一個步驟：清查在美據點之庫存水準。

(2) 第二個步驟：建立互相調度模式爭取緩衝時間。

(3) 第三個步驟：密切注意封港持續時間長度。

(4) 第四個步驟：與客戶磋商供貨緩衝期。

(5) 第五個步驟：依庫存水準排定補貨順序。

(6) 第六個步驟：規劃運輸模式（包括繞道、空運）。

(7) 第七個步驟：統一與運輸業議價控制成本。

(8) 第八個步驟：依客戶優先順序出貨。

Unit **6-23**
個案 臺灣P&G公司的VMI系統

臺灣寶僑公司根據區域性的各項環境差異或業者的個別需求，發展出最適化的供應商管理存貨系統（VMI環境），建立起與供應商之間的存貨管理共享環境。P&G公司在全球各地公司的VMI經驗不斷累積，不但已達到統合全球事業體資源，且獲致綜效，更與客戶建立一個雙贏的經營環境。

P&G公司於1985年在臺灣成立寶僑家品，其主要銷售對象包括一般經銷商、軍公教用品經銷商、零售商（如遠百、惠康超市等）。該公司在推動VMI時，秉持三個策略重點：

1.與有能力的夥伴緊密合作。

2.運用相同的工具，針對客戶的不同需求進行最適化的客戶管理。

3.將成功經驗加以學習應用，並複製到其他客戶關係上。

由於導入VMI系統必須其合作夥伴具備相當的資訊基本架構，且組織可面對導入VMI時之各項衝擊。由於區域性的差異、個別客戶不同的需求，所以臺灣寶僑公司發展出適合各夥伴的VMI系統。例如：與軍公教聯合社之合作模式便與家樂福之運作模式有所不同。該公司的電子商務作法是在於創造雙贏的環境，例如：與惠康超市的VMI專案原則，其總體目標在於提高寶僑客戶服務水準與減少惠康物流中心內寶僑商品的庫存水準。

事實上，臺灣寶僑公司針對主要的客戶開發不同的系統，包括如下：

1.適用一般經銷商的EDR（efficient distributor replenishment）軟體。

2.適用軍公教經銷商的CRP（continuous replenishment program）軟體。

3.適用零售商的KARS（key account replenishment system）軟體。

惠康超市與寶僑的KARS專案從1998年5月開始推動，同年9月導入；至1999年3月、6月兩次的修正，才達到目前順利運作的作業模式。

臺灣寶僑公司認為該公司之所以能成功推動VMI系統，主要是來自三個正確作法，包括：

1.檢送評估指標：不斷根據評估指標作為改善的依據。

2.建立有效溝通管道：與企業夥伴不斷溝通，而且也加強企業內部的溝通。

3.組織對目標的承諾：除高階經理人對推動目標勇於承擔外，同時所有參與團隊的各部門均須積極投入。

資料來源

1. 丁惠民，寶僑家品以VMI建立新的供應商關係，《能力雜誌》，1999年7月，pp. 64～68。
2. 班山建立新的供應關係，《能力雜誌》，1999年7月。

個案情境說明

> P&G公司在全球各地公司的VMI經驗已達到統合全球事業體之資源，且獲致綜效，更與客戶建立一個雙贏的經營。

導入VMI系統必須其合作夥伴具備基本資訊架構，且可面對導入VMI的各項衝擊，臺灣P&G公司發展出適合各夥伴的VMI系統。	三個策略重點，包括與有能力夥伴緊密合作、運用相同工具、將成功經驗複製到其他客戶關係上。	如與惠康超市的VMI專案，係在提高P&G客戶服務水準與減少惠康物流中心內的P&G商品的庫存水準。

 動動腦

◎請敘述P&G公司在臺灣所推動之VMI系統有哪些特色？

◎若您是P&G公司的下游經銷商，在面對該公司要求配合其VMI系統之運作時，貴公司會採取哪些因應方式？

Unit 6-24
個案　日本YAMATO價值網絡

　　日本YAMATO公司在1929年進行第一次創新，朝向「路線運輸事業」，1976年第二次進行創新，轉型為發展「宅急便」，第三次創新則是「價值網絡」。即運用集團網絡，為顧客提供方便性的同時，創造更多附加價值。具體作法是透過2013年開始營運的「羽田CHRONOGATE」、「厚木GATEWAY」、「沖繩國際物流HUB」，與臺灣統一速達宅急便的合作模式，創造高速度、獨有LT（物流技術）、IT（資訊技術）、FT（金融科技），結合在臺灣、日本與亞洲飛躍擴大之「最後一哩網絡」，在個人顧客領域及企業物流領域上掀起改革。透過「時空玄關」，企業以「迅速、成本、品質」的乘法計算進行「物流改革」，以實現「多元價值網絡」的構想。

　　實施的關鍵包括川流不息的物流、雲端式的運輸網絡、世界首創「全程保冷少量式的國際配送」、寄件者及收件者皆可隨時查詢貨品狀況、需求鏈觀點的革新。

　　對「第一次產業生產者」而言，「時空玄關」可實現國際冷藏宅急便生鮮品亞洲隔日配送。以東京至臺北為例，生產者運送的物資於24點進行郵寄，經過那霸機場的轉運到達桃園國際機場，僅需7個小時。全程保冷進行輸送、通關、併貨後郵送至臺灣YAMATO時空玄關，進行檢疫、通關、理貨，最後配送至整個臺灣用戶或是飲食店，通過「時空玄關」，日本國內生產者端可擴大亞洲市場，免除物流投資，維持品質，掌握物流狀況。

　　「時空玄關」可為醫療機械廠商提供高價醫療機械的循環式維修保養事業。將羽田機場附近的空運運輸交通樞紐，融合24小時洗淨、保養機能，提升其使用回轉率；醫療機械廠商可提高庫存回轉率，實現庫存可掌握，減少庫存，醫療機關亦可及時調度醫療機械、確保器械安全與衛生。可知，「時空玄關」進化為一個「創造新價值」的3PL物流中心。

資料來源
1. 物流技術與戰略雜誌社，2015 現代物流高峰論壇。
2. 物流技術與戰略雜誌社官方網站（https://www.logisticnet.com.tw）。

個案情境說明

日本YAMATO公司三次進行創新，第三次創新是價值網絡

↓

具體作法是透過「羽田CHRONOGATE」、「厚木GATEWAY」、「沖繩國際物流HUB」，與臺灣統一速達宅急便的合作模式。

↓

創造高速度、獨有之物流技術、資訊技術、金融科技，結合臺灣、日本與亞洲飛躍擴大之「最後一哩網絡」。

↓

個人顧客領域及企業物流領域掀起革命。

 動動腦

◎運用羽田「時空玄關」之利益為何？

◎請問其成功關鍵因素有哪些？

第 **7** 章

與物流管理
有關之課題

●●●●●●●●●●●●●●●●●●●●●●●●●●●●●● 章節體系架構 ▼

Unit 7-1　個案　IKEA的綠色供應鏈管理

Unit 7-2　供應鏈

Unit 7-3　長鞭效應

Unit 7-4　供應鏈管理

Unit 7-5　供應鏈管理所面對問題及應有作法

Unit 7-6　全球運籌管理

Unit 7-7　全球運籌管理模式與可能面臨問題

Unit 7-8　全球運籌管理營運體系之建構

Unit 7-9　企業資源規劃

Unit 7-10　導入ERP作法

Unit 7-11　商業快速回應系統

Unit 7-12　共同規劃、預測及補貨系統

Unit 7-13　電子採購

Unit 7-14　電子採購系統建置之原則與推動步驟 Part I

Unit 7-15　電子採購系統建置之原則與推動步驟Part II

Unit 7-16　電子交易市集

Unit 7-17　電子交易市集之成功關鍵因素

Unit 7-18　電子交易市集模式與生態

Unit 7-19　個案　國際大廠採購盛行網路競標

Unit 7-20　個案　德記洋行之QR運作

Unit **7-1**
個案　IKEA的綠色供應鏈管理

　　IKEA供應鏈管理：綠色革命從原材料開始。在供應鏈管理上，IKEA有時協助供應商進行聯合採購，降低供應商原材料進貨成本，並且與供應商簽訂長期合作契約。必要時，IKEA還可資助供應商著手產品研發，透過母雞帶小雞的方式，使供應鏈發展更健全。

　　在綠色供應鏈上，IKEA意識到，除了木材之外，最主要的碳排放來源應該是棉花原料的使用。以2012年為例，IKEA合計使用16萬公噸棉花。根據澳洲昆士蘭大學的研究，平均一捆的棉花（約227公斤），從種植到最後做成原料，大約會引發226公斤的溫室氣體，相當於1公斤的棉花原料就會產生1公斤的溫室氣體（這包括灌溉的電力、收割、清洗等工序）。

　　近年來，由於氣候異常，全球棉花的收成從2011年開始逐步下滑，從1.26億捆，到2014 年大約僅能收成1.16億捆。雖然棉花近年並無漲價的狀況，不過海運的運輸成本卻逐年攀升，因此棉花的總成本仍為上揚趨勢。

　　另外棉花也牽涉許多永續發展的議題，例如：超量使用灌溉水、殺蟲劑，或不良的工作環境、僱用童工等。像IKEA這樣的國際大型企業，更不能發生這種事。以殺蟲劑來看，其背後的資料令人相當吃驚！印度棉花種植大約使用全國5%的可耕地，但是整體的殺蟲劑使用量卻占54%；而且棉花田的維護需要大量人力，特別是婦女、童工是這個產業的主要勞動力。

　　為解決這個問題，IKEA在2005年與世界自然基金會合作，推動一系列的棉花管理再造計畫，希望有效改善棉花原料整個生命週期過程的勞工與環境課題，並在2020年以前，全球可以有30%的棉花來自這個計畫。

　　IKEA鼓勵供應商減少浪費，當產生下腳料時，IKEA會與供應商一起透過腦力激盪，想出可應用這些下腳料的產品。除原物料的使用要做到不浪費，也必須不會造成消費者身體過敏，並且要降低能源使用。

資料來源

　　物流技術與戰略雜誌社官方網站（https://www.logisticnet.com.tw），2015年2月1日。

個案情境說明

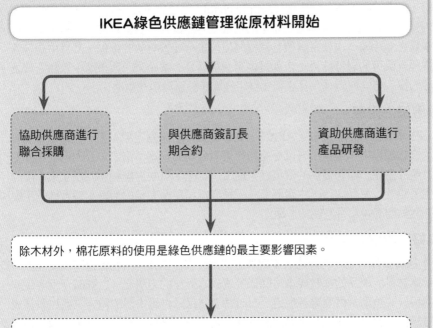

IKEA綠色供應鏈管理從原材料開始

協助供應商進行聯合採購

與供應商簽訂長期合約

資助供應商進行產品研發

除木材外,棉花原料的使用是綠色供應鏈的最主要影響因素。

與供應商研究「原料下腳」如何進一步使用,使原物料使用不浪費,且可降低能源使用。

 動動腦

◎IKEA在綠色供應鏈方面投入哪些努力?您認為其作法是否值得參考? 試論之。

Unit **7-2**
供應鏈

企業執行其營運活動過程中，必須完成一連串的活動，而這些活動的不同功能則稱為是公司的價值鏈（value chain）。一般而言，價值鏈包括對內物流、營運，對外物流、行銷與銷售、服務這些活動。而完成這一系列價值鏈的活動，公司又必須與其上下游之間（包括供應商、顧客及相關產業的公司）進行互動，這整個活動構成了價值鏈系統，此系統亦被稱為供應鏈（supply chain）。

為何近年來供應鏈的問題受到企業的重視？其原因在於供應鏈的問題與企業經營管理的本質息息相關，也就是其核心流程的價值是否能被有效的推動。其實供應鏈管理是企業經營決策的思考結果，也就是供應鏈管理是一項企業營運策略，因為它涉及企業資源的投入方向與方式，且必須調整組織或新設組織執行策略。

一、供應鏈之定義

美國生產及存貨管理協會（APICS）對供應鏈下了一個定義：第一，從原料至成品最終消費的過程中，連結所有供應商和使用者公司的程序；第二，公司內部和外部所有涉及產品生產和服務提供的價值鏈。從上述定義，可知供應鏈應該是企業內部的產品研發及設計、原料取得、生產製造、配銷與行銷整個完整的活動，甚至進一步與企業有關活動均應視為供應鏈的一環節。

二、良好供應鏈之條件

(一) 採購條件：包括低採購成本與穩定的供應來源兩要件。在低採購成本方面，零組件或原材料、成品的採購成本是降低營運成本最佳的方法之一。同時，供應鏈非常重要的另一要項則是供應來源穩定，有時甚至為保障供應來源的穩定，而以較高成本取得零組件或原材料；尤其是屬於關鍵性零組件或原材料，更是將供應來源的穩定視為最重要的一項策略。

(二) 製造條件：包括生產排程的穩定與產品線變換速度快兩要件。在生產排程的穩定方面，影響因素甚多，例如：零組件或原材料的來源穩定性、需求面的下單情形等，近年來先進規劃與排程系統的發展，即是在設法穩定生產排程。而產品線變換速度快，係為因應產品多樣少量化、個性化的要求所致。

(三) 存貨管理條件：包括低存貨與快速補貨兩要件。在低存貨方面，乃是供應鏈管理的最終目的，因為減少存貨成本之積壓，可以提高市場競爭力。而當企業接到臨時訂單或配銷商要求低存貨時，製造商必須因應快速補貨的要求，故必須建立快速補貨系統，以免供應鏈受到阻礙而影響企業競爭力。

(四) 配銷條件：包括高存貨與高服務水準兩要件。企業為因應其下游零售商或消費者的需求，必須隨時保持高存貨，達到快速供貨能力，以符合顧客的要求。而配銷方面若無法提供高服務水準，則一切的努力可能徒勞無功，這也是近年來客戶關係管理受到重視的原因。

良好供應鏈的建構

供應鏈是什麼？

美國生產及存貨管理協會（American Production and Inventory Control Society, APICS）對供應鏈的定義

1. 連結所有供應商和使用者公司的程序

2. 涉及公司內外部產品生產和服務提供的價值鏈

供應鏈係指一項產品從原材料及零組件之供應商至製造商、配銷商、零售商，乃至最終消費者之間所有發生的資訊流、物流、金流、商流的所有活動。所以，供應鏈的運作應是企業內部營運活動的各項決策、執行與監督活動組成，同時也是與外部廠商或消費者不斷溝通協調的結果。

良好供應鏈4條件

1. 採購條件
   - ① 低採購成本
   - ② 穩定供應來源

   建立一個良好的供應鏈至少必須其採購成本低。

2. 製造條件
   - ① 生產排程穩定
   - ② 產品線變換速度快

   近年來快速換模技術的發展，便是為因應此條件之要求。

3. 存貨管理條件
   - ① 低存貨
   - ② 快速補貨

   在目前現金流量受到全球重視之際，低存貨的策略是提高市場競爭力的不二法門。

4. 配銷條件
   - ① 高存貨
   - ② 高服務水準

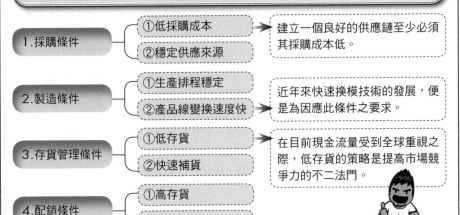

次佳的供應鏈狀態

知識補充站

從左述各項分析，可知良好的供應鏈之條件幾乎無法同時達成，因為現實經營上會出現互相衝突的矛盾現象。由於供應鏈牽涉上、中、下游業者與消費者之各方利益，故各方的要求自然不同，也就是左述的良好供應鏈條件將產生衝突現象。所以實務上，供應鏈中的各企業大多以協商、談判方式，達成次佳狀態；或者是達成最大勢力一方的利益。在全球化的市場中，獨大一方掌握供應鏈的情形相當普遍，例如：HP等大廠與臺灣電子業之關係便是一個明顯的例子。

205

Unit **7-3**
長鞭效應

　　長鞭效應能真正指出為何良好供應鏈不容易建置的原因，即是供應鏈在最終端的需求面所傳遞之訊息與製造商或配銷商相距甚遠，故不易被他們所正確預估。若是產品經過的行銷通路層級或製造層次愈多，則需求之預估愈不準確。所以說長鞭效應係指在供應鏈中愈往上游，其需求之變異性愈大，也就是需求愈不易被正確預估。長鞭效應充分的指出供應鏈必須有效進行管理的原因。

一、造成長鞭效應的原因

　　(一) 需求預測之不易：產品原材料、零組件製造商如何預估下游成品製造商的需求？成品製造商能正確預測配銷商或零售商的需求量？配銷商或零售商又以何方式能準確預測消費者需求？亦即愈為上游者，愈不知如何有效推估消費者的真正需求。

　　(二) 前置時間不易掌握：供應鏈中之前置時間係指訂單前置時間與資訊前置時間。訂單前置時間為生產及運輸貨物時間，而資訊前置時間則指處理訂單的時間。在供應鏈中，每個階段均可能涉及上述所提之兩項前置時間，所以實務上，企業欲明確推估出前置時間並不容易。

　　(三) 批次訂購：由於企業在訂購上，常會依據經驗採購一定數量，但實際需求量可能會花更長的時間才能完全消耗，所以批次訂購的作法，使得愈往上游的供應商，面臨愈多的不確定性。

　　(四) 價格變動：由於市場價格變動具動態性，因此業者可能在價格較低時購入較多數量，但在終端市場需求可能不見得呈現一致性狀況，故使得需求掌握不易。

　　(五) 被誇大的訂單：在企業中由於銷售部門為配合顧客的需要，同時依其經驗認定生產部門經常無法有效的提供訂單數量，故常誇大訂單數量，以因應顧客的需要。此種被誇大的訂單被多次累積後，造成存貨的積壓，也就是需求變異擴大。

二、克服長鞭效應的作法

　　(一) 降低不確定性：企業對於上下游之間的需求設法降低其不確定性，例如：提高雙方資訊交流的比例，以使需求預估更為確定。

　　(二) 降低變異性：對於批次訂購的情形，採更精確的估算，使得每一批採購的數量與實際需求之差異降低。另外，價格變動所引起的變異性，其實亦可透過有效的行銷策略，避免市場價格過度的波動，如此亦可使市場對產品需求之變異性降低。

　　(三) 減少前置時間：若企業能將其生產及運輸貨物時間與處理訂單的時間適度的降低，則提前過度的需求預估或被誇大訂單的情形也將可獲得改善。先進規劃與排程系統也是減少前置時間的一項有力工具。

　　(四) 建立策略聯盟關係：企業與上下游之間若能建立策略聯盟關係，不僅資訊能夠分享，亦可使溝通管道暢通，進而能對市場需求之推估更為準確，也就是說有利於化解長鞭效應的產生。

長鞭效應之產生原因及其克服

造成長鞭效應之原因

導致供應鏈中需求變異增大的主要原因如下：

1.需求預測 不易	2.前置時間 不易掌握	3.批次訂購	4.價格變動	5.被誇大的 訂單

長鞭效應可用馬路上紅綠燈前的車輛啟動為例

當綠燈出現時，第一部車子可能2、3秒之內便可開動，但是等到第十部車子開動時，可能已超過20秒。這顯示出供應鏈上下游之間應有許多變數在影響其資訊的傳遞（包括傳遞層級增加、傳遞資訊錯誤等），也直接或間接造成供應鏈運作上之困難。

克服長鞭效應之作法

1.降低不確定性

2.降低變異性

3.減少前置時間

4.建立策略聯盟關係

克服長鞭效應
之作法

Unit **7-4**
供應鏈管理

供應鏈包括需求端與供應端，企業若能整合之，使其供應鏈中的資訊流、物流、金流，甚至商流更為有效運作，進而在整體供應鏈的操作成本降至最低，並充分滿足需求端的消費者，即是供應鏈管理（supply chain management, SCM）的本質。

一、供應鏈管理之定義

為了進一步說明供應鏈管理的內涵，吾人可從美國供應鏈協會所提出的SCOR（supply chain operation reference）模式加以瞭解。該協會認為供應鏈管理不僅是一種工具，它必須結合藝術與科學，才能有效發揮其功能。基本上，美國供應鏈協會認為SCM包括規劃（plan）、供應來源（source）、製造（make）、運送（deliver）、退貨（return）五項基本元素。

SCM並不是只考慮供應面的因素，而是必須同時考量供應面與需求面。也就是以製造商或配銷商、零售商為主的供應鏈是一種供給導向的供應鏈，但是以顧客滿意為主的供應鏈則是一種需求導向。以目前SCM的概念與作法則是整合供應面與需求面，以滿足各方之需求。

供給導向的供應鏈涉及三種能力。一為長鏈技術（long-linked technology），它表示供應鏈的部分作業具前後順序的作業關係。二為調和式技術（mediating technology），它表示供應鏈在運作時有些作業並沒有直接關係，但卻是為滿足消費者需求而產生的作業。三為密集式技術（intensive technology），係指在服務顧客時，供應鏈作業的方式會因顧客不同而有所調整，所以它是一種互動式或互惠式作法。

需求導向的供應鏈則是依企業面臨的顧客環境而設定，主要核心觀念在於顧客滿意。它至少應做到包括建立顧客服務的能力、配送速度應愈快愈好、提高配送的可靠度、能立即反應目標市場的需求，以及具彈性能力等五個條件。

二、企業導入供應鏈管理之原因

近年來企業投入大量經費用以建置其供應鏈，其原因在於改善顧客服務品質，因為顧客服務品質是企業生存的最根本法則，所以企業若能透過SCM，將使顧客服務品質提高，在準時性、及時性、正確性、彈性等條件要求下，獲得顧客信賴。再來，存貨成本的增加對目前講求速度、彈性的競爭環境而言，是一種極具威脅的壓力，若能減少存貨數量，則存貨成本降低，營運資金隨之增加。尤其全球資金快速移動的今天，現金流量的掌控更是重要；存貨成本降低，將使現金流量管理更為容易。同時，供應鏈若能有效運作，廠商常可在較低成本下，獲得必須之原材料及零組件。尤其對於關鍵零組件或原材料更是在供應鏈管理下，獲得較穩定的保障。而供應鏈各環節之需求及狀況變化若能精確的預估，將能提前因應各項變化。總之，在變化多端的環境中，供應鏈能正確管理，將使企業與企業上下游間的互動良好，因此能取得更多資訊；透過電子化的工具，可將更多可靠資訊轉化為企業的最適決策。

供應鏈管理元素及企業導入原因

供應鏈管理基本元素

美國供應鏈協會（Supply Chain Council）對SCOR的定義

1.規劃

→SCM本身就是一種策略，它是整合企業內部與外部資源，進而達成顧客需求的管理策略。因此它是企業經營的指導方向，並能監督供應鏈的運作，使得企業更有效率，更符合成本；在提供更高服務品質的情況下，滿足消費者的需求，它包括需求及供應之規劃與管理。

2.供應來源

→供應來源係指企業透過採購找到生產或服務所需之零組件或原材料。這代表企業與供應商必須開發出一套雙方可接受的下單、訂價、運送、付款，甚至流程監控的模式，使雙方作業更為流暢，它包括訂單處理、存貨供應來源等。

3.生產製造

→此元素係指企業在生產製造階段應詳細列出生產、測試、包裝、運送等活動項目所需時間，這是供應鏈中最易被量化的部分，它包括存貨下單、生產下單、生產排程下單等生產管理。

4.運送

→此元素係指產品如何從企業手中有效運至顧客處，它包括訂單處理、倉儲、運輸、儲放等管理。

5.退貨

→企業在營運過程中，不良產品如何有效加以回收，一方面可獲得消費者的讚許，另一方面也可找出產品瑕疵的原因，作為產品改良之參考。此種回收機制對企業而言，亦是相當的重要，它包括原物料之回收、成品之回收等。

供應鏈之供需導向

供給導向供應鏈

1.長鏈技術

例如從原材料及零組件的生產據點到裝配工廠或生產工廠、配銷倉庫，經通路系統到達消費者手上。所以是一種序列關係，透過協調的方式進行監控。

2.調和式技術

例如訂單處理、報關作業、到貨驗收、倉儲管理等屬之。它強調的是應採作業標準化，不會因客戶或送貨批次而有不同的作業流程。這類技術包括建立標準作業流程、物流動作、POS、貨品編碼、車輛配置、搬運、動線規劃、自動揀貨系統等。

3.密集式技術

此類技術在於供應能力的建立，即是提供不同功能的物流作業，以配合乾貨、冷藏、冷凍的規格，甚至採客製化方式運作。例如代收代付款項、流通加工作業等。

需求導向供應鏈

1.建立顧客服務能力

→包括銷售前後等之服務

2.配送速度快

3.配送可靠性

→依顧客需求完成任務

4.立即反應市場需求

5.彈性能力

→供應鏈作業上因應顧客的需求，進行彈性之改變（如時間、地點等）

實施供應鏈管理之效益

① 降低庫存量

② 縮短採購週期

③ 減少庫存缺貨率

④ 提高庫存的週轉率

⑤ 降低營運資金成本

⑥ 重新評估現有流程能否滿足顧客之需求

⑦ 重新分析組織架構能否因應環境之變遷

Unit **7-5**
供應鏈管理所面對問題及應有作法

推動供應鏈管理時，必然會面對各種問題；除積極瞭解之外，也要有所因應。

一、供應鏈管理所面對之問題

(一) 供需不平衡就存在於現實環境中：從古至今，政府部門或企業不斷使用各種方法解決供需不平衡的問題，但是遭遇的困難重重，因為它包括許多政治、人為因素在內。即使今日民主國家為主的世界中，仍有許多利益團體介入其中。

(二) 廠商間互信之建立不易：由於推動SCM，必須進行許多資訊的交流，但若雙方互信度不足，則會發生抗拒心態。

(三) 投資金額過於龐大，但效果不見得立即顯現：尤其對中小企業而言，在不易衡量效益情形下，更不敢積極投入其中。

(四) 組織內部人員的反抗：供應鏈管理的實施代表著企業流程的改造，所以內部員工因此必須面對組織分工的調整，員工反抗心態自然產生。

(五) 企業面對過多電子化方案，常無所適從：由於資訊科技的快速發展，故企業在經費有限、需求過多的情形下，常不知如何著手。尤其SCM的解決方案範圍很廣，在採用上本就有輕重緩急；同時又必須牽就企業內部現有資訊系統的整合工作。

(六) 供應商不易掌握：供應商的交期及品質常不易掌握，在推動SCM後，亦可能面對此問題。

(七) 市場上需求愈來愈難推估：由於顧客的需求變快速（前置時間短、不斷改變的交期與數量等），所以在推動SCM時，仍會產生相對的壓力。

(八) 內部生產控制變數多：雖然目前SCM解決方案中已有先進規劃與排程系統之技術，但是人為的設計變更、產銷協調、製造現場績效之管理等因素若不有效掌握，SCM之推動仍會出現很大變數。

二、良好供應鏈管理應有之作法

(一) 高階管理階層方面：包括應對供應鏈管理予以強而有力的支持、在策略性計畫上明確指出供應鏈管理的目的、提供供應鏈管理的相關教育訓練、針對供應鏈管理進行績效衡量，以及對供應鏈管理的工作提供相關資源等五項。

(二) 顧客服務方面：必須整合完整的供應鏈，並將有價值的資訊提供給顧客，以符合顧客實際上之需要，包括調查顧客不滿意的作法；對顧客不滿意的狀況立即予以回應，並設法加以解決；對顧客不滿意之項目應在瞭解、分析後，設法予以改善；對改善服務績效的同仁提供更多誘因，以及隨時監督顧客服務情形等五項。

(三) 設計方面：包括在新產品進入市場時，應建立一套一致性的流程；應謹慎管理新產品的發展及其作業流程，以及在產品設計流程的過程中，應掌握關鍵供應商等三項。

(四) 行銷方面　　　**(五) 生產方面**　　　**(六) 採購方面**　　　**(七) 物流方面**

供應鏈管理所面對問題及應有作法

供應鏈管理所面對之問題

1. 供需不平衡就存在於現實中
2. 廠商間互信之建立不易
3. 投資金額大,效益未能立即顯現
4. 組織內部人員的反抗
5. 企業面對過多電子化方案,常無所適從
6. 供應商不易掌握
7. 市場需求愈來愈難推估
8. 內部生產控制變數多

良好供應鏈管理應有之作法

1. 高階管理階層方面

2. 顧客服務方面

3. 設計方面

4. 行銷方面

①界定和發展創新性的行銷策略。
②與配銷商建立合作夥伴關係。
③利用多通路系統,以達到目標顧客區隔之目的(但仍可能因企業的特殊行銷通路而改變)。
④提供具附加價值的誘因,以尋找良好的配銷商。
⑤容許配銷商依據訂單自行組合產品。

5. 生產方面

①存貨最小化。
②存貨與生產配合之緊密度高。
③少量化及多樣化。
④最適的工廠及倉儲設備。

6. 採購方面

①針對採購鏈發展供應鏈管理策略計畫。
②建立採購流程。
③與相應的供應商建立EDI系統。
④完成供應商管理計畫。

7. 物流方面

①促使全球物流之移動最小化。
②完成一個倉儲管理系統。
③尋找具水準的物流服務提供者。

Unit 7-6
全球運籌管理

對一家全球化發展的企業而言，其供應鏈勢必也是全球化，但要如何管理才能順利運轉呢？以下我們先來認識什麼是全球運籌管理。

一、全球運籌管理之定義

全球運籌管理就是該公司進行全球市場的行銷、產品設計、顧客滿意、生產、採購、物流管理、供應商等整體管理系統之運作。也就是將全球供應鏈（global supply chain），從備料、生產、出貨、通關到市場配銷的每個環節加以串聯，並整體達到及時（Just-in-Time）管理與運作的目的。

全球運籌管理的核心精神在於快速回應市場的變化與顧客的需求，同時將經營成本、庫存壓力與風險降至最低，而且縮短供應鏈（supply chain），進而創造整體經營的最大綜效（synergy），其整個過程是建立在一個商業快速回應系統（quick response / efficient consumer response, QR / ECR）之上。

二、形成之原因

全球運籌管理的主要形成原因乃在於生產模式因受顧客需求及顧客滿意概念之盛行而改變，包括顧客需求走向多樣化、個性化、少量化、流行化及快速化方向；網路行銷之盛行；產品及時交貨之要求，以及生產模式由OEM、ODM等方向調整為BTO（build to order）、CTO（configeration to order）。

企業生產模式之所以走向BTO、CTO的原因，主要有以下三種，即1.在顧客多樣化及大量化、低價、快速運送的要求下，必須設法提高顧客滿意度；2.由於產品快速發展、產品異質化要求的提高，促使產品生命週期快速縮速，以及3.主要產品生產製造的前置時間提前。

全球運籌管理的形成原因除上述之外，還有包括產品生命週期愈來愈短、貨物運送速度愈來愈快、產品價格降低的速度非常快、資訊透過網際網路與全球資訊網路能快速傳遞至全球各地等其他原因。

三、實施全球運籌管理之效益

企業若決定實施全球運籌管理之作業，將會產生什麼效益呢？我們可從實施業者與消費者兩個角度分析。

從企業者的角度來看，實施全球運籌管理將會產生包括降低庫存壓力，減少存貨成本之積壓；能與上下游建立完整之供應鏈系統，使得企業更具競爭效益，以及可面對全球性的競爭，包括低價格、低成本、高速度、大規模等情勢之四種效益。

而從消費者的角度來看，則會產生包括滿足消費者對產品個性、多樣化的要求；能獲得高效率、高品質的服務，以及消費者能享受低價格、高品質的產品等至少三種效益。

全球運籌管理之形成與其效益

全球運籌管理是什麼？

↓

企業進行全球市場

① 行銷
② 產品設計
③ 顧客滿意
④ 生產

⑤ 採購
⑥ 物流管理
⑦ 供應商……

↓

整體管理系統運作

全球運籌管理5形成原因

① 生產模式因受顧客需求及顧客滿意概念之盛行而改變　→　**主要原因**
② 產品生命週期愈來愈短
③ 貨物運送速度愈來愈快　　　　　　　　　　　　　　　→　**其他原因**
④ 產品價格下降速度快
⑤ 資訊傳遞速度快

全球運籌管理實施效益

從企業者角度來看

① 降低庫存壓力
② 建立完整供應鏈系統
③ 可面對全球性競爭

從消費者角度來看

① 滿足消費者要求
② 高品質服務
③ 低價格產品

Unit **7-7**
全球運籌管理模式與可能面臨問題

　　全球運籌管理模式可能因產業性質不同而有所差異，此處以目前臺灣採用全球運籌模式最多的資訊業為例，提出不同模式供讀者參考。不過，隨著環境的變化，可能會不斷產生新的模式。當然，在推動全球運籌時也有其可能面臨的問題應予以關注。

一、全球運籌管理模式

　　(一) 直接運送模式：由於資訊產品之產品生命週期短，因此其供應鏈之運作係以最短的方式完成，也就是工廠依據訂單直接將消費者所需之產品直接送到其手上。

　　(二) 海外組裝中心模式：海外組裝中心係針對客戶實際訂單之要求（包括數量、規格等），在客戶所在地或其鄰近地區設立組裝中心，並就近出貨服務客戶。其過程是規劃中心依客戶實際需求，在加工組裝後運送到客戶手上。

　　(三) 當地補貨中心模式：當地補貨中心係依傳統物流活動的作法，根據客戶實際要求之數量作為雙方交易的依據；庫存風險係由製造商承擔，將貨物送至客戶當地的倉儲中心，作為一補貨的中途站。也有人稱此模式為當地發貨中心（local hubs）。由於當地補貨中心模式依自有品牌及OEM／ODM兩種方式，而可細分為自有品牌當地發貨中心模式與OEM／ODM當地發貨中心模式。

　　除上述三種模式外，目前也另外形成兩種模式，包括戶到戶運送模式及提貨中心運送模式。這兩種模式與直接運送模式相類似，而且更依賴專業物流公司的物流作業能力。

二、企業推動全球運籌可能面臨之問題

214

　　(一) 專業人才之不足：為配合全球運籌工作，企業內部需要各種相關專業的國際企業人才。然而，以臺灣目前大部分的企業均面臨專業人才不足的現象，若不加以克服，則全球運籌管理的工作將不利推動。

　　(二) 員工外語能力不足：在全球運籌管理工作推動之際，相關外語能力成為基本的條件，至少英語能力須達到談判、議價或執行管理溝通的要求，否則如何執行總公司交辦的任務。

　　(三) 資訊系統連接不易：在全球運籌管理中，必須依靠資訊系統進行溝通協調、談判等工作，然而各單位可能因原有資訊系統不盡相同，因此在進行整合上可能遭遇困難，甚至造成全球運籌工作的失敗。

　　(四) 員工心態之適應：過去生產線的作法是直接生產後，再由銷售部門將存貨依訂單量大小，將貨品運送至顧客，但此種OEM或ODM的作法，已受到挑戰，目前已形成CTO、BTO的作法，所以許多生產線員工仍無法適應此種接單後生產、組裝的作法。企業唯有透過學習、企業流程再造，始能使員工儘快適應生產模式的改變。

　　(五) 相關法律問題相當複雜：一般而言，在推動全球運籌管理時，可能面臨主要的法律問題，包括開發（設計）合約的法律與採購合約的法律等。

全球運籌管理模式與可能面臨問題

全球運籌管理5模式

以目前臺灣採用全球運籌模式最多的資訊業為例

模式	優點	困難之處
1.直接運送模式（direct shipment）	①低庫存。 ②快速反應市場價格變化。 ③品質控制較易。 ④物流費用可轉變為變動成本。 ⑤可簡化組裝的作業程序。	①原物料及零組件之備料前置時間應更為慎重。 ②過於複雜的組裝產品比較不適用。 ③物流成本之推估可能依配貨區域不同而有所差異。 ④需支付較高的運輸成本。
2.海外組裝中心模式（configeration center）	①適合較複雜的訂單需求。 ②能提供即時性的當地支援工作。 ③組裝用之半成品同質性較高，故總體成本較低。 ④可針對不同客戶要求之規格，組裝複雜的產品。 ⑤與客戶整合性高，能提供更好的服務水準。	①對市場價格的變動，不易立即反應。 ②必須藉由二次品質控制，才能保障產品品質。 ③對於長期庫存問題，仍不易解決。 ④整體供應鏈的運作時間，仍有改善空間。 ⑤海外組裝中心營運之固定成本，仍無法轉為變動成本。
3.當地補貨中心模式（local buffer center）	①只要選擇適當專業物流公司，即可立即運作。 ②依一般傳統物流作業的程序，人員無須太多訓練。 ③低廉的管理成本。 ④可支援複雜的產品種類。	①庫存問題不易解決。 ②對市場價格之變動反應甚慢。 ③訂單處理之前置時間長，故必須依賴海外庫存。 ④海外庫存及倉管費用無法轉為固定成本。 ⑤貨物到達客戶時間較長。

4.戶到戶運送模式（door-to-door shipment）

5.提貨中心運送模式（line-side stocking shipment）

與直接運送模式相類似

全球運籌管理可能面臨問題

① 專業人才之不足

② 員工外語能力不足

③ 資訊系統連接不易

④ 員工心態之適應

⑤ 相關法律問題相當複雜

Unit **7-8**
全球運籌管理營運體系之建構

全球運籌管理營運體系之建構，必須具備相當能力，否則可能發生更多後遺症而遭致客戶抱怨，甚至喪失訂單。

圖解物流管理

一、全球運籌管理營運體系之基本能力

(一) OEM / ODM的能力：企業若本身在OEM / ODM模式上的生產製造能力都無法回應客戶要求，則最好不要嘗試走向全球運籌管理的營運模式，以免造成更大的損失。

(二) 物流管理能力：物流管理的工作是全球運籌管理中最重要的工作之一，不論是內部物流活動或外部物流活動均可能造成產品成本的增加，因此如何發揮物流管理能力是全球運籌管理中不得不重視的問題。運用專業物流公司或第四方物流的專業能力，已是逐漸受到重視的一種趨勢。

(三) 財務能力：企業的財務能力目前已成為經營上的必備能力，它不僅包括資金調度、資金籌措的能力外，尚應包括資金風險管理的能力。而全球運籌管理營運模式中，由於供應鏈整合程度的提高，對於財務能力的要求更為嚴格，尤其它又在跨國間運作，它與國際間匯率、利率等之變化均有密切關係，所以財務能力亦是全球運籌管理營運模式的基本能力。

(四) 全球營運據點設置之能力：全球運籌管理營運模式因涉及許多據點的設置，包括行銷據點、生產據點等，它是關係其運作成功的因素，所以應選擇適當據點，進而達到有效服務客戶的目的，並創造真正的供應鏈價值。

(五) 協調整合全球營運體系中成員的能力：由於全球運籌管理營運體系中，所牽涉之成員包括上、中、下游間的廠商，不僅在觀念上必須相互協調整合，進而必須在作業流程、資訊交流等重要任務上完整有效的推動整合工作，否則企業的整個國際的供應鏈營運體系可能會不斷出現利益衝突的情形，甚至影響到供應鏈有效之運作。

二、全球運籌管理營運體系之聯盟關係

由於全球運籌管理營運體系必須內外均有效整合，才能使企業之國際供應鏈合為一體，運作上才能趨於一致。

在內部關係管理方面，由於企業在海外的分支機構多，因此母公司與分公司之間的管理障礙亦隨之增加。因為在地理環境、文化等條件有所差異的情形下，造成溝通上嚴重的障礙。而各分支機構之間亦可能相互競爭、相互攻擊，無法達成一致性的營運方向。所以只有有效進行內部整合，增加彼此之間的溝通，才不至於造成整個企業出現多頭馬車的情形。

而企業的外部關係必須是一個長期的合作夥伴關係。建立成功的長期合作夥伴常必須具備一定條件。長期合作關係必須依賴於雙方的互信與承諾，雙方才能建立有效的溝通管道，進而達成資訊交換與共享的目的。

全球運籌管理營運體系之建構

基本能力

1. OEM / ODM 的能力
2. 物流管理能力
3. 財務能力
4. 全球營運據點設置之能力
5. 協調整合全球營運體系中成員的能力

聯盟關係

內部關係管理方面

例如：宏碁公司每年均會將在海外分支機構的高階主管召集回總公司研習，一方面藉以瞭解總公司的營運狀況及策略規劃，另一方面更是藉由彼此的溝通，建立共識。

環境、文化差異性

外部關係管理方面

建立成功的長期合作夥伴必須具備4條件：
① 對雙方均有利之共同目標
② 雙方均能擁有之共同利益
③ 應具備以客戶為價值鏈中心的觀念及作法
④ 雙方所投入之資源應處在適度的均衡狀態

知識補充站

全球運籌管理之兩大關鍵因素

全球運籌管理營運體系之建構，除必須具備上述能力，尚且需要下列關鍵因素，才能推動順利：

1. **資訊技術**：全球運籌工作之推動具備即時性、正確性、準時性等特性，也就是強調速度與彈性。在BTO、CTO的生產模式中，若缺乏具備良好的資訊科技，全球運籌工作是不可能運作的。網際網路、ERP、ASP等資訊技術均是支援全球運籌管理中所需要之工具。

2. **物流公司的支援與服務**：在全球運籌工作中，物流是最重要的工作項目之一；物流公司將扮演實體物品流動的真正角色。在物流公司的支援與服務下，將使企業之物流效率大幅提高。一般而言，在全球運籌體系中，物流公司所能提供的服務或支援模式至少包括庫存、倉儲、運輸、配送管理之完整委託；委託經營物流中心或發貨中心；承租物流公司的倉儲進行發貨，以及處理國際優先分送服務等四種可資運用。

Unit 7-9
企業資源規劃

企業資源規劃（enterprise resource planning, ERP）係指企業整合內外部資源的企業經營系統，它必須依靠高度的資訊技術的運作，始能達到公司所設定之目標。

一、ERP內容

企業在導入ERP之前，必須依本身需要，決定導入的內容如下：

(一) 生產製造模組：生產製造模組可藉由多重支援的環境，不斷的改進其作業模式，例如：依狀況採用間斷式、重複式、依單組裝、連續式。它對新產品工程、產品計畫之擬定與模擬、供應系統之管理、生產製程與計畫之掌握、成本管理、品質管理均有考慮。

(二) 人力資源模組：人力資源模組之運用有助於人力資源招募、訓練、慰留、生涯規劃、薪資管理、組織規劃等方面。

(三) 財務管理模組：財務管理模組對企業之財務分析、財務機能之掌握、財務計畫之擬定、費用管理、資產管理、現金管理、請款與收款等方面有所助益。

(四) 行銷管理模組：行銷管理模組與市場綜合分析、市場擴展、行業支援有關。

(五) 供應鏈管理模組：供應鏈管理模組對供應鏈計畫擬定、供應管理、物料管理、訂單管理、售後服務等之改善有幫助。

(六) 專案管理模組：專案管理模組對專案追蹤、成本蒐集、個人時間與支出、專案成本資本化、收益累計與請款、線上查詢、跨專案分析等工作有所幫助。

(七) 專家系統：專家系統係將過去成功的經驗模組化後，供其他企業參考，以減少導入時間，進而爭取作業時效，達到提高營運效率的目的。

二、導入ERP所可能面對之問題

(一) 企業流程未配合ERP進行改善：若企業流程未能配合ERP進行流程再造，會發生軟體作業未與企業流程相符的情形，如此導入ERP勢必失敗。

(二) 資料不完整或定義錯誤：若是企業內部所提供之資訊不完整或資料之定義與軟體不相同時，將會發生實際運作時之障礙。

(三) 安裝ERP人員未達應有之水準：由於安裝ERP人員未能充分瞭解ERP之內容、程序、理念、企業組織、運作狀況、資源配置情形，將可能導致作業上錯誤。

(四) 其他：包括安裝成本高與時程長、企業人員對使用ERP的訓練不夠等。

三、導入ERP後對管理機能所可能帶來之影響

導入ERP後可能影響管理方面包括九項，即業務系統必須統合、作業流程模式必須改進、企業內各部門資料必須整合、必須與相關組群軟體連結在一起、開放式的對應（即是具有擴張性、互換性、相互運用性等）、提供新系統開發所需的參數及資料、EDI的對應、全球化的對應、EIS（決策資訊系統）的對應。

ERP之內容及可能面對的影響

所謂ERP即是企業資源規劃，若欲進一步瞭解ERP的定義，或許可嘗試從不同角度來看。

ERP是什麼？

1.從企業營運來看
①有利於企業再造
②必須透過資訊技術的協助
③必須導入營運策略與經營模式
④整個企業的運作流程與組織運作必須進行變革

2.從管理功能來看
①生產製造管理　②人力資源管理　③財務管理
④供應鏈管理　　⑤專案管理　　　⑥行銷管理

3.從技術架構來看
①它是使用者使用單一的資料庫
②它是使用者使用共同的界面
③它是使用共同的應用程式
④它使用三層次的主從架構
⑤它包括使用者界面層、應用程式層、資料庫
⑥網路技術已由Internet進展至Extranet

ERP內容

一般來說，它至少包括製造、財務、人力資源三大核心模組。

① 生產製造模組
② 人力資源模組
③ 財務管理模組
④ 行銷管理模組

⑤ 供應鏈管理模組
⑥ 專案管理模組
⑦ 專家系統

由上述說明，其實可知ERP的各模組可能有相互支援的情形，所以會出現不同次系統中有相同的管理系統。其次各ERP的軟體設計公司因其設定的服務對象的不同與本身專業能力的差異，故所提供之各模組及其次系統並不盡然相同，企業在導入過程中可能須依真正的需要，採用適合本身的ERP軟體系統。

導入ERP可能面對之問題

① 企業流程未配合ERP進行改善
② 資料不完整或定義錯誤
③ 安裝ERP人員未達應有之水準
④ 其他
　①安裝成本高、時間長
　②人員訓練不足

Unit **7-10**
導入ERP作法

導入ERP作法並非具絕對性，主要仍須視導入顧問公司與企業本身狀況而定。

一、常見導入ERP之步驟

(一) 前置作業：包括瞭解企業的經營理念及目標；評估企業的實際需求與想法；成立企業內部工作團隊；瞭解及評估企業經營層面的系統功能與資源狀況；選擇適合的ERP系統軟體；選擇適當的管理顧問公司（協助導入ERP工作的公司），以及確定專案查核點、查核目標、預算與進度相關課題等七項。

(二) 進行企業資源與作業流程之規劃：包括規劃最適合公司的作業流程；模擬企業流程再造計畫；進行企業資源與作業流程的整體規劃；企業內部的工作團隊與ERP公司、管理顧問公司的工作團隊開始進行ERP系統準備工作，以及工作團隊完成建立ERP架構的準備工作等五項。

(三) 導入的初期：包括由ERP系統軟體公司與管理顧問公司設立一套基本系統；完成每種ERP系統元件的設定工作；完成系統硬體設備的架構，以及整合ERP系統並進行上線前之各項準備工作等四項。

(四) 系統啟用前準備：包括對電腦系統實施各項測試；以模擬方式，將真實狀況導入，瞭解實施ERP後真實的可能情形；實施預防保養，以確保ERP系統保持良好狀態；專案工作團體擬定系統上線策略，設計初步查核程序與資料轉換計畫；實施教育訓練；成立系統支援小組，以及確定企業內部所有使用者能使用此系統，以便系統能順利上線等七項。

(五) 正式上線及支援考慮：包括系統正式啟用，使用者隨時將出現狀況反映給專案工作小組，以作為修正參考，以及ERP軟體公司應提供24小時全天候支援服務。

二、導入ERP時應注意事項

企業在導入ERP時，首先應思考如何建立一個正確的導入策略；是否需要事前進行企業流程改造；是否有哪些關鍵績效指標可用來評估導入成果；是否有足夠經驗與資源可自行辦理導入工作。若否，如何尋找能力佳的管理顧問公司，以及如何確定導入ERP後，可取得某種程度的競爭優勢。其次，就是ERP軟體的選擇，包括軟體功能是否符合公司需求；軟體流程與know-how和既有流程、系統差異性多大；自行開發ERP或尋找ERP軟體公司，以及ERP軟體對現有系統及資訊基礎建設有多大衝擊。再來，就是上線工作，包括如何化解流程改造阻力；哪些部門先行導入；哪些資訊基礎建設須調整，以及如何實施教育訓練。然後是導入過程，包括導入工作是否完全依原則計畫施行；如何確定內部可接受改革，以及如何確定資訊基礎建設及技術能真正配合導入計畫。當然，ERP既有系統之間的整合或取代問題也必須思考，包括如何進行整合工作，以及哪些資源和工具可供運用。最後，則是ERP的擴大運用，包括如何將現有ERP擴大運用，以及使ERP在經由修正或調整後，可滿足未來需要。

導入ERP之步驟及其考量因素

常見導入ERP之5步驟

1.前置作業 → 2.進行企業資源與作業流程之規劃 → 3.導入之初期

5.正式上線及支援考慮 ← 4.系統啟用前準備 ←

導入ERP應注意事項

1.導入ERP之策略思考

2.ERP軟體的選擇

3.上線工作

4.導入過程

5.ERP既有系統之間的問題
（整合或取代）

6.ERP如何擴大運用

成功導入ERP的關鍵因素

① 高階主管的全力支持與參考

② 全員參與

③ 選擇適當的合作夥伴（軟體公司及管理顧問公司）

④ 落實的教育訓練

⑤ 依企業特性及產業特性採用不同的導入方式

知識補充站

如何選擇ERP軟體？

選擇ERP套裝軟體之考量因素，包括軟體業者之經驗與能力、ERP之系統功能強弱、系統的技術架構、系統之開發及導入成本，以及其他等五方面。

其中系統的技術架構方面，包括人機介面（文字、圖形介面）、軟體架構（二層式或三層式主從架構）、管理工具、維護工具。而系統之開發及導入成本方面，包括系統軟體費用、電腦硬體費用、作業系統輔助性軟體的費用、網路設備的費用、系統導入之顧問費、人員教育訓練費。至於其他方面，包括開發廠商的支援能力與未來研發能力、最新的科技是否為企業所需要，以及軟體系統之相容性與擴充性等。

Unit **7-11**
商業快速回應系統

　　商業快速回應系統（quick response / efficient consumer response, QR / ECR）乃是企業與企業之間，互相流通資訊及分享資訊，藉以提升企業競爭力的解決方案。所以說，它是利用一個方法，使產品能更快、更好、更經濟有效的傳遞給消費者。

一、一般國家實施的原因

　　(一) 消費者日趨成熟：隨著所得提高、生活水準的改善，消費者的消費行為日趨成熟，而且對廠商服務、產品品質要求愈來愈嚴格，使得廠商不得不開發出更多產品及不斷改善品質，以滿足消費者的需求。

　　(二) 市場競爭激烈：各種通路系統快速成長，導致通路水平競爭與垂直競爭，使得原有傳統通路受到極大威脅，加上更多國外產品進入，造成市場競爭更為激烈。

　　(三) 市場成長的停滯：在市場競爭激烈下，許多公司在經營上受到很大挑戰，在作業成本下降不易的情形下，市場的成長受到一定程度的限制。

　　(四) 供應鏈未能順暢：各企業在競爭的立場上，各自保護自己的利益，以致上、中、下游供應鏈未能過關，造成交易資訊不流通，而大幅提高交易成本。

二、實施的基本條件

　　(一) 企業夥伴必須相互信任：由於QR / ECR必須進行資訊交流及資訊分享，以消費者需求為導向，因此唯有上、中、下游企業夥伴互相合作、互相信任，才能夠真正達到資訊分享的目的，才有可能落實QR / ECR計畫。

　　(二) 參與企業均必須進行企業再造：由於企業必須配合其他夥伴的作業，因此企業內部一些作業流程可能有必要重新改革，而且為了資訊系統的暢通，亦應經由雙方溝通討論後，改善彼此間的企業流程。

　　(三) 商品可加以辨識：由於資訊交流之分享必須透過資訊技術完成，故商品如何能快速經由機器之辨識而轉化為資訊，成為QR / ECR計畫的基本條件，例如：目前條碼制度便是其中一項。

　　(四) 資訊能快速的交換：企業若利用Internet或Extranet，並以EDI方式運作，相信可快速、正確的進行資訊交流與分享。

　　(五) 企業夥伴間的交易條件應簡單化、合理化：因為愈簡單、合理的交易條件，不僅企業夥伴間容易明瞭，而且易接受，如此推動QR / ECR才有成功的可能性。

三、實施重點

　　企業在實施QR / ECR，有其一定重點必須掌握。在供應管理方面，改善商品在物流配送方面的效率化。在需求管理方面，運用正確的資料蒐集分析方式來瞭解消費者實際需求，並據此安排有效銷售方法。在技術應用方面，從供需雙方觀察雙方的互信、資訊互相交流與分享是必要的，且透過資訊技術之應用，始能真正達到目的。

QR／ECR的基本概念

從不同角度觀察下的QR／ECR

QR／ECR是什麼？

· QR／ECR是結合上、中、下游各通路之成員,在產品介紹、產品促銷、產品銷售、產品補貨等方面共同努力,進而達到更有效地服務消費者,並滿足消費者的需求。
· QR／ECR是利用現有的管理及科技,加以整合,設法降低作業成本及回應時間,且可達成提高產品的服務品質。
· QR／ECR是綜合一些經證實有用的方法及工具,並將之運用於整個價值鏈的不同產品項目。
· QR／ECR的目的在消除企業夥伴間原有的一些障礙,以減少時間、金錢之浪費。
· QR／ECR是一段持續改善的過程,隨著使用者的增加,其效益會愈來愈多,進而吸引更多企業夥伴的參與。

實施4原因

由於實施QR／ECR能產生很大效益,因此世界許多國家均在積極推動此項工作,右文為一般國家實施QR／ECR的原因。

① 消費者日趨成熟
② 市場競爭激烈
③ 市場成長的停滯
④ 供應鏈未能順暢

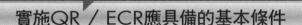

實施QR／ECR應具備的基本條件

1.企業夥伴必須相互信任　　2.參與企業均必須進行企業再造　　3.商品可以加以辨識

4.資訊能快速的交換　　5.企業夥伴的交易條件應簡單化、合理化

實施3重點

1.供應管理

①自動補貨(continuous replenishment process)
②接駁式轉運(cross docking)
③自動訂貨(automated store ordering)
④可信賴的作業(reliable operation)
⑤供應商整合(integrated suppliers)

2.需求管理

①建立策略及基礎建設　　②產品組合
③產品促銷　　④新產品介紹

3.技術應用

①電子轉帳(electronic fund transfer)
②電子資料交換(EDI)
③條碼系統(item coding)與資料庫維護
④作業基礎成本分析(activity based costing)

Unit **7-12**
共同規劃、預測及補貨系統

　　所謂共同規劃、預測及補貨系統（collaborative planning forecasting and replenishment, CPFR）乃指企業的作業流程係經由整個供應鏈系統運作。

　　企業導入CPFR，則等於打破企業的距離，就好像整體供應鏈就如一個虛擬企業，故必須共同參與，建立一個規劃、預測、補貨系統。

一、CPFR有助於解決現行作業流程之問題

　　企業導入CPFR有助於解決作業流程的問題，包括1.資料正確性不足；2.先擬定財務計畫，再進行預測工作；3.供應面規劃不具整合性，而只是趨向於較高存貨率、較低達成率及增加緊急應變的活動；4.負責商品補貨的採購與促銷的採購，兩者之間並沒有適當的協調；5.零售商期望供應商的服務水準達100%，以及6.供應面問題常發生在零售商，因為前置時間短，以致供應商常來不及因應需要。

　　供應商管理庫存系統（VMI）雖亦可解決預測問題，但是必須考量的問題更多，而且供需雙方彼此合作不足。另外，共同管理庫存系統經常討論，使雙方建立共識及互信，但其投入成本高，尤其是建立及維護成本相當高。

二、建立CPFR的主要原則

　　(一) 滿足消費者需求與供應鏈成功為導向：交易夥伴間架構及作業流程的重點，係以滿足消費者需求和整個供應鏈的成功為導向。

　　(二) 以整個供應鏈為規劃：交易夥伴管理消費者需求預測時，係以整個供應鏈為規劃。

　　(三) 交易夥伴共同分享預測：在排除供應鏈流程的限制下，交易夥伴透過風險承擔共同分享預測。

三、企業導入CPFR之步驟

　　(一) 規劃階段：包括發展前臺協議、建立共同企業計畫兩項。

　　(二) 預測階段：包括建立銷售預測、確定影響銷售預測之例外狀況、分析及共同研究例外品項、建立訂單預測、確定影響訂單預測的例外狀況五要項。

　　(三) 補貨階段：這階段主要是產生訂單。

四、企業導入CPFR之效益

　　企業導入CPFR後，對企業與交易夥伴將會產生哪些效益呢？一般而言，將會產生四種效益，即1.企業交易夥伴共同擬定一套預測計畫，共同參與預測、共同承擔風險、採共同標準指標進行評量績效；2.製造商庫存量減少且改善客戶服務水準，同時零售商能確保其訂單能被滿足；3.共同投資資訊系統的成本較低，以及4.有利於降低營運資金，進而提高整體投資報酬率。

共同規劃、預測及補貨系統

CPFR可解決現行作業流程問題

1. 資料正確性不足

2. 先財務計畫後預測

3. 供應面規劃不具整合性

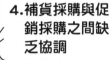

4. 補貨採購與促銷採購之間缺乏協調

5. 供應商服務水準達100%

6. 供應商無法因應需要

建立CPFR之主要原則

1. 滿足消費者需求與供應鏈成功為導向

2. 以整個供應鏈為規劃

3. 交易夥伴共同分享預測

企業導入CPFR之步驟

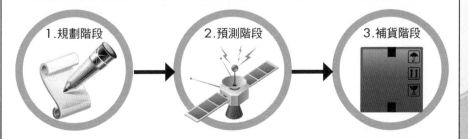

1. 規劃階段 → 2. 預測階段 → 3. 補貨階段

Unit **7-13**
電子採購

電子採購有別於傳統性採購方式，其特性是電子採購流程及系統直接與其供應鏈整合後能產生成本降低、流程改善等好處明顯增加。

一、電子採購之特性

(一) 降低採購成本。

(二) 在電子化公共場所進行交易。

(三) 供應商加入電子採購鏈。

(四) 所有作業流程、資訊結合成一體。

二、電子採購之買賣雙方均應克服的困難

(一) 系統之間的整合：由於系統的整合問題與各系統間的溝通能力及相容性有密切關係，而現實環境中，包括伺服器、作業平臺、程式設計語言，以及用此設計應用程式與使用者介面的物件結構、瀏覽器、套裝軟體等均有整合上之困難度。若再加上系統供應商的整合經驗或能力不足，則更是增加其整合困難度。目前克服此問題的作法有二，一是等待ERP供應商開發出完全支援電子採購的更新系統；一是依賴專業電子採購網站的經營者能透過多方合作，開發出高溝通能力與相容性的軟體程式。

(二) 初期投資成本：一般而言，從實務可看出電子採購的初期投資成本相當可觀。採購電子應用軟體的費用僅是採行全面性電子採購總成本之一小部分，一般不易變動的成本可能超過其5～10倍。不過，目前已有業者提供「使用者付費機制」或是「軟體出租方式」，這些作法均可適度降低企業導入成本。

(三) 安全性、可靠度及買賣雙方關係：電子採購中最被注意的問題是安全議題，包括1.網際網路上之交易本質便不甚安全；2.電子採購必須在雙方之間進行密集而大量的資訊交換，而這些資訊（如財務數據、定價模型、策略計畫，新產品預定上市時程等）均與企業核心競爭流程有高度相關。不過，技術問題隨著數位認證技術（digital certificate technology）的逐漸成熟將日趨安全；再加上Public Key Infrastructure（PKI）的安全性解決方案的推出，在安全上有更大的保障。實務上，反而是組織文化的因素所產生對安全性的疑慮更不易克服。另外，賣方因其存貨狀況、產品價格、營運狀況等均為買方所知，因此採購專員擔心的是對賣方的信任及可靠度的問題。由於過去雙方買賣關係所建立之信任是基於一部分的情誼，但在網站進行採購後，可靠度、信任度及安全性，反而成為採購專員心中最重要的關鍵。雖然有上述問題，但是未來企業將與其信賴的供應商互動更為頻繁，甚至透過協同產品設計並共享長期預測。

(四) 採購流程與企業文化的根本改變：電子採購是一種全新的工作方式，採購流程與行為、思考的模式均必須要有大幅度的改變。同時這代表著工作角色與責任的改變，因此必須重新分配那些業務被縮減的人員，公司內部必須進行再教育訓練工作。因此，電子採購應透過變革管理來達到流程與組織文化改變的目的。

電子採購之特性與建構

電子採購 4特性

1. 降低日常採購成本
2. 在電子化公共場所進行交易
3. 供應商加入電子採購鏈
4. 所有作業流程、資訊結合成一體

電子採購 買方/賣方 應克服困難

1. 系統之間的整合

2. 初期投資成本

3. 安全性、可靠度及買賣雙方關係

4. 採購流程與企業文化的根本改變

①型錄及其內容的設計。
②顧問費用，包括系統執行、流程改善、變革管理等。
③供應商之協商和協助。
④授權、維修及其他系統相關費用。
⑤教育訓練。
⑥系統整合。
⑦因此專案在非生產時段所使用之內部資源。

知識補充站

電子採購方案之目的

電子採購方案建立之目的，大致可包括下列幾項：1.放棄人力、書面的作業程序，且提供企業全面性的員工自助式採購方式，以增進效率並降低勞動成本；2.貫徹實施合約採購，清除各自為政的採購方式；3.蒐集精確有用的資訊（依供應商、採購項目分類），以作為決策支援之用；4.依供應商能力，排列出優先次序，以作為策略性採購之依據；5.在不違背企業作業規則下，盡可能授權第一線員工處理相關的交易活動；6.透過整合內部與外部供應商流程及系統，以使供應鏈之作業更為順暢，以及7.電子採購能使企業高階主管重視採購程序的重要性及其策略性本質，從而瞭解採購與企業利潤間之密切關係。

Unit **7-14**
電子採購系統建置之原則與推動步驟
Part I

圖解物流管理

電子採購系統即是供應鏈系統的一種型態之一，或是其運作體系的一部分。此處僅就其較重要的部分，進一步予以說明。一般而言，一個成功電子採購系統之專案推動，必須在策略、組織、流程與系統各方面同時進行變革，而且推動初期必須高階主管全力支持與參與。同時組織內部應建立良好的溝通管道，且促使組織內成員具有強烈的動機及有效的行動力。

一、電子採購系統建置之原則

(一) 確定高階領導人全力支持與全程參與：許多專案的成功與主要領導者的支持與參與有密切關係。尤其在推動初期，高階領導者必須親自參與、公開討論一些重要議題，例如：電子採購系統專案之預期目標為何？推動電子採購系統的目的何在？此專案與其他既有或正在規劃中之專案，相互之間可能產生何種影響？專案將花費多少時間？哪些人應參與此專案？預計成本為多少？預期成效如何？

(二) 電子採購系統應與整個電子商務策略緊密連結：由於組合式的電子商務專案相當普遍，但推動時仍應妥善排定優先順序，並加以協調整合。在此原則下，必須考量的決策，茲彙整如右，以供參考。

(三) 建立合理可行的營運方案：對於那些將採購工作視為官僚、黑箱作業的組織內領導者而言，成立一個合法正當的專業方案有助於獲得支持。而且有必要對合理可行的營運方案之有關重要事項加以分析。其相關工作包括分析採購流程、詳細記錄交易成本、完成採購合約的分析、彙整分析提案需求、彙整分析供應商的資料、檢視現在與未來可能採用的付款策略。

(四) 妥善規劃指導原則：企業內部高階主管對電子採購系統建置的基本指導原則必須建立共識，因為它主導整個專案的進行方式與最後成果。例如：執行的工作項目僅為ORM物料，抑或涵蓋直接物料？是否採取委外方式？採購作業的授權程度如何？這些原則愈清楚，參與人員將會有遵循的方向。在規劃指導原則之同時，必須安撫原有人員的心態，並施以教育訓練，使其抗拒降低至最低點。

(五) 設計強而有力的變革管理計畫：設計強而有力的變革計畫，使專案之推動較為順利，且可緩和員工與組織上下面臨變革時之壓力。這些方法包括1.高階管理者應完全瞭解並認同此專案的最終目標、採用方法及進程規劃；2.此專案應由主動積極的高階領導團隊主持，並負責專案的架構設計、疑義釐清、統合規劃及指揮控制；3.作業方式應經完整的影響關聯分析；4.整個變革計畫必須依據全體同意的變革進度計畫進行正式的管理，以及5.變革進度計畫必須包括一份完整且由高層領導的溝通計畫。

(六) 重新設計企業流程：企業在正式導入電子採購系統時，必須先重新設計企業流程，包括確定流程現況、檢討流程結構、檢視流程各活動間之責任歸屬、檢討流程指標、檢討瓶頸點、檢討資訊要求、簡化流程、檢討流程範圍、確定新流程。

電子採購系統建置7原則

1.確定高階領導人全力支持與全程參與

2.電子採購系統應與整個電子商務策略緊密連結

必須考量之決策

①是否應將ORM（營運資源管理）列為關鍵核心？
②是否將MRO（保養修理作業）協同整合至直接採購中？
③是否能合理區分策略性商品及戰術性商品？
④哪些流程必須透過自動化重新設計以提升效率？
⑤何時和如何與供應商建立更穩固的關係？
⑥未來新的核准政策為何？

3.建立合理可行的營運方案

4.妥善規劃指導原則

5.設計強而有力的變革管理計畫

6.重新設計企業流程

7.其他重要項目

①系統整合
②供應商評估與選擇
③管理顧問相關事宜

知識補充站

專業管理顧問協助之項目◄

關於電子採購系統建置之原則，除左文六點明確之原則外，還有其他重要項目必須瞭解的，其中之一即是藉助專業外力部分，包括1.最佳採購實務的策略方針；2.委外處理或內部自行處理的策略性建議；3.最佳電子採購實務的作業流程；4.變革管理；5.流程管理與專案管理；6.流程規劃與再設計；7.評估並參與競標、資訊交換及交易社群；8.針對內部財務整合、付款流程及協力廠商財務服務支援而設計之財務與付款服務作業；9.技術架構與設計；10.資料管理；11.安全性議題；12.特殊服務項目，如型錄管理、買賣系統管理；12.線上請購流程的建議與說明檔設計；13.技術與新企業流程的教育訓練；14.知識管理、資料採集及決策支援系統與流程；15.供應商管理及策略性物料來源；16.XML的專業知識、延伸性應用軟體整合（extended application integration, EAI）及系統之間的整合，以及17.營運方案的確認及績效衡量等。

Unit 7-15
電子採購系統建置之原則與推動步驟
Part II

圖解物流管理

電子採購系統建置除上述指導原則之外，尚且有其他重要項目應注意的；同時在推動電子採購系統的過程，也有其至少應注意的一定事項。

一、電子採購系統建置之原則（續）

(七) 其他重要項目：包括1.系統整合的問題：電子採購系統必須與現有內部系統整合在一起，才能夠使流程運作順利，包括ERP、資料庫等系統；2.供應商的評估與選擇，以及3.管理顧問方面：管理顧問的工作許多非為組織內員工所能處理，故必須藉助其專業能力，但企業也必須瞭解管理顧問的新責任何在，以避免對其過分依賴。

二、電子採購系統之推動步驟

(一) 策略規劃階段：此階段是由具決策影響力的決策經理人共同討論策略規劃的進行方式，並達成共識，並由10～12個人組成工作團隊。此工作團隊討論之議題包括1.企業未來3～5年之核心競爭能力與關注焦點；2.在這段時間之內，公司產品和服務將如何轉變因應；3.將公司產品或服務差異化、與競爭者區隔之能力為何；4.顧客之忠誠度、所要求之標準及對品質之期望，將有何變化；5.與採購MRO、ORM及直接物料相關之議題；6.未來市場的成長潛力、規模及地理區域之考量；7.與供應商及合作夥伴的關係，在本質上會產生何種變化；8.電子採購計畫將如何影響整個供應鏈；9.企業系統的支援架構需求（如應收帳款、應付帳款、一般債務、績效追蹤、報告程序等）如何；10.目前專案與正在進行或規劃中計畫之協調；11.關於優先順序、專案風險與變革管理之議題，以及12.專案規劃，包括時間進度、所需資源及預算。

(二) 專案規劃階段：專案規劃階段應進行之工作項目包括1.檢視電子商務策略；2.確認營運方案；3.建立績效評估標準；4.將供應商列入考量；5.確認並安排所需資源；6.擬定工作計畫，以及7.研擬變革管理計畫。

(三) 分析階段：分析階段應有之工作項目包括1.分析採購流程；2.詳列交易成本；3.完成採購合約分析；4.彙整分析徵求報價提案書；5.彙整分析供應商的技術與需求，以及6.檢視付款策略。

(四) 設計階段：設計階段應有之工作項目包括1.設計一個簡單化、人性化的採購流程；2.針對會影響流程與人員變動，完成影響關聯分析，以及3.研擬供應商要求與日常作業程序的底稿。

(五) 系統篩選階段：系統篩選階段應執行的工作項目包括1.完成產業分析；2.擬定提案需求；3.列出清單，以及4.審查、面試及簡報。

(六) 執行階段：執行階段應執行之工作項目包括1.推動即時的溝通與鼓勵參與計畫；2.展開系統安裝；3.工作流程與任務職位的變動與調整；4.進行教育訓練，以及5.系統測試。

電子採購系統之推動6步驟

推動前必須瞭解的事

- · 應在電子商務策略架構下，設計規劃電子採購系統。
- · 建立細心謹慎的計畫與管理。
- · 在執行計畫中納入影響關聯分析，這涵蓋企業流程的改變、工作任務的轉變及人力資源政策。
- · 在選擇系統時，務必仔細評估。

1.策略規劃階段

2.專案規劃階段

3.分析階段

4.設計階段

5.系統篩選階段

6.執行階段

知識補充站

管理顧問的新責任

企業建置電子採購系統需要藉助外部單位管理顧問的專業能力時，必須對管理顧問的新責任有所瞭解，包括：1.管理顧問應瞭解協助企業朝向電子化整合的處理環境，必須投入更多的努力，以及2.欲協助組織成功轉向電子採購系統，管理顧問必須提供詳細、公正合理及資訊充分的建議，而且必須為本身所提出之建議負起更高層次的責任。

企業要如何避免過分依賴管理顧問

如何降低企業對管理顧問的過分依賴呢？通常有下列四種方法：一是切勿將專案的成功完全歸功於單一管理顧問公司，內部成員之努力更是功不可沒。二是企業應指派一位能力過人的專案經理（此為此專案的最高實際執行者），直接向總經理負責，並對專案成敗負起全部的責任。三是將整個專案區分成技術部分與企業流程及變革部分，並各指派一位專案經理，能直接向專案總經理負責。四是專案一開始就應針對雙方工作人員的工作計畫進行整合，並與外部管理顧問達成共識；而雙方的角色、責任及能力所及之範圍，應明確的規範清楚。

231

Unit **7-16**
電子交易市集

電子交易市集（e marketplace）的出現，使得全球數以萬計的交易在虛擬網路上進行，它不僅跨越疆界，而且交易的成長速度更是驚人。1997年在《資訊新未來》一書中，首次提及相類似的用語——資訊市場（information marketplace）。不到幾年時間，已促成許多國際大廠投入此領域發展。

一、電子交易市集之作業模式

電子交易市集的作業模式，可區分成下列八個步驟：一是加入市集，即不管買方或賣方，都需加入一個（或多個）電子交易市集。二是介紹自己，即提供公司基本資料，如欲採購（或銷售）的產品項目資料。三是查詢比價，即買方列出欲購買之商品，由市集篩選出合適之供應商名單。四是配對撮合，即買方確定產品的規格、價格和數量等，並決定賣方。五是下單採購，即確定賣方後，買方在線上下單，包括明定交貨方式和日期。六是信用查詢，即賣方查核買方之信用資料，包括往來銀行及信用額度，確認無誤後回電子郵件給買方，確認交易完成。七是扣款入帳，即交易資料需連到銀行或信用卡公司，連線完成金流部分。八是周邊服務，即交易完成後，整合後續相關的倉儲、物流和通關報稅等交貨服務。

二、電子交易市集之成員

(一) 買方（buyer）：電子交易市集中的買方，可利用電子市集的功能增加對供應商的選擇，減少中間商層級；並透過賣方競價，降低成本，使本身之流程與上游供應商更緊密的結合。

(二) 賣方（seller）：電子交易市集中之賣方，可透過電子市集，找到更多買主。

(三) 電子市集經營者（market marker）：電子市集的經營者可能是買方或賣方，或是第三者，它主要是提供買賣雙方有一個交易的場所，促使雙方交易效率提高及交易成本降低。目前全球第三方的電子市集經營者，是由全球電腦大廠共同組成之E2open和Converge。

(四) 內容提供者（content provider）：內容提供者係指廠商或產品目錄管理者，目前全球著名的業者為Global Sources、Aspect、阿里巴巴等。內容提供者的價值除在資料庫外，更重要的是內容的維護與更新；有些業者甚至提供電子郵件將最新產品訊息依買方需求送給買方，這對買方而言相當重要。

(五) 附加價值提供者（value service provider）：附加價值提供者包括網路資料中心（IDC）、應用軟體租賃服務業者（ASP）等，例如：中華電信、絡捷物流網。

(六) 促成者（enable）：促成者本身不參與交易市集的買賣，但提供工具為企業整合軟硬體和相關服務，建置交易市集。

電子交易市集

實務上最值得加入電子交易市集的3類型產業

1.量大但產品高度標準化的產業 → 例如：汽車、鋼鐵、紡織、石化、化學藥品等

2.產品生命週期短、市場變化快速的產業 → 例如：PC或DRAM產業等

3.供應生產間接物料的公司 → 例如：飲用水、紙張、辦公家具和文具用品等。

電子交易市集之作業模式

1.加入市集 → 2.介紹自己 → 3.查詢比價 → 4.配對撮合

8.周邊服務 ← 7.扣款入帳 ← 6.信用查詢 ← 5.下單採購

電子交易主導之成員

1.買方

2.賣方

3.電子市集經營者

4.內容提供者

5.附加價值提供者

6.促成者

Unit **7-17**
電子交易市集之成功關鍵因素

　　其實電子交易市集是一種群體且即時的資訊流通，尤其在B2B的電子商務中，更能發揮效益。從流程的角度來看，電子交易市集主要是處理企業的採購／銷售的流程，而且必須與工廠內部的生產排程、物料規劃等流程相整合，才能發揮效益；也就是企業應將之納入企業整體電子商務策略中。

一、市場規模及流量

　　由於電子市集規模愈大，愈能吸引更多買賣雙方加入，所以電子市集的第一個關鍵因素是市場規模及流量。例如：HP等全球知名15家電子資訊業者所組成的Converge，係以2,000家供應商、8,000家買者為主，其釋放之金額可能占總體產業的40%，這是一種垂直供應鏈模式的電子市集。另外一種稱為開放式電子市集，採取水平方向擴大其社群，例如：Global Sources則以國際貿易為主，它蒐集149個國家、10萬個供應商的產品資料，提供230個國家的22萬名買家，只要是消費性用品皆很容易從其中找到買賣雙方。它是一種大範圍，但非固定交易夥伴。

二、提供附加服務

　　目前一般開放式電子市集最大的問題之一是附加服務不足，因為選擇型錄式的電子交易市集與專業入口網站差距不大，只是加速雙方的相遇，但實質上的下單仍須與對方面對面接觸，看過產品及工廠、調查財務後，才敢真正的下單或出貨。但嚴重的是，大家均不喜歡將原有合作夥伴帶上開放式電子市集與對手共享，但卻又要到電子市集「尋找機會」。而所謂提供有效的附加服務則沒有一定的答案，應依產業別而有所不同。

三、累積產業知識

　　由於不同產業有不同專業知識，故電子市集單的產品分類便是一門高深學問，例如：塑膠專業、原料分類可達三萬種。擁有產業知識，一能瞭解產業瓶頸、評估市場潛力及選擇市場切入點；二能針對市場需求，提出解決方案。

四、使用同一種語言

　　使用同一種語言，即是標準化的建立（含軟硬體、平臺），唯有在國際標準規範下，始能與國際接軌，亦才能吸引更多的買賣雙方加入。

五、整合能力和策略聯盟

　　整合在不同電子市集可能代表不同的意義。若在最常見的封閉和協同式的電子市集中，整合係指連結供應鏈中不同的資訊系統。整合是電子市集的基礎建設之一，通常要花費三至五年的時間，所以這是電子市集仍無法取代傳統交易方式的主要原因。

六、獲利模式

　　不同產業條件有不同的獲利機會，例如：促成者的專案、顧問諮詢、軟體授權；經營者則有ASP模式（按服務量收費）、會員費、交易佣金等模式。

電子交易市集成功關鍵因素

1.市場規模及流量
- ①垂直供應鏈模式的電子市集
- ②開放式電子市集 → 採取水平方向擴大社群

↓

這是電子交易市集成功的第一個關鍵因素

2.提供附加服務

提供有效附加服務並無一定答案，應依產業別而有所不同。

實例 國際貿易業，除前端作業的搜尋和議價下單外，則應包括中端的風險控制（徵信、保險等），後端之文件核對流程（含買賣契約往來確認、進出海關、貨運站到貨付款等）、物流、金流、資訊流等服務。

3.累積產業知識
- ①可瞭解產業瓶頸、評估市場潛力及選擇市場的切入點。
- ②較能針對市場需求，提出解決方案。

4.使用同一種語言

標準化的建立，始能與國際接軌。

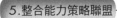

5.整合能力策略聯盟

整合涉及公司和公司、產業和產業間的串聯，所以不只涉及技術問題，亦與聯盟關係有密切相關。

實例 Ariba、i2、IBM已組成技術聯盟，而ERP最大廠SAP也與Commerce One合作為Covisint提供整套服務。

6.獲利模式

目前大環境條件不佳，對開放式電子市集相對不利。

實例 Commerce One從開放市場經營，保守地轉向解決方案提供者，以協助產業和私有市集的建構為主要業務。

Unit **7-18**
電子交易市集模式與生態

電子交易市集隨資訊技術之突破，已成為未來全球最重要的市場交易型態。

一、電子交易市集模式

(一) 一對一模式：係指企業既有的供應鏈，也就是一家買主對一家供應商，這是最單純的交易模式。

(二) 一對多模式：包括買方一對多及賣方一對多兩種，詳細內容說明如右圖。

(三) 多對多模式：多對多模式屬於公共電子市集，是集合大量買家和供應商於同一個交易平臺，服務並未偏向任何一方，而是針對買賣雙方之需求提供服務。它大致可區分為水平電子市集和垂直電子市集。另外，每個產業共同的需求，如物流、金流、線上資料庫等亦可單獨成為一個水平電子市集，貫穿每一個垂直電子市集，整合後滿足產業需求。此時則已形成產業對產業模式的電子市集（Consortia）。尤其是產業聯盟市集更是引人重視，它是彼此相互競爭的電子市集相互結合成一個市集，以共創雙方互利為目的。

二、電子市集之生態

電子市集可簡單分為私有電子市集和公共電子市集兩種，茲說明如下：

(一) 私有電子市集：係由買方或賣方主導，且以該企業之供應鏈或需求鏈為中心，將上下游之供應商或客戶集中在單一電子市集進行交易，包括單向電子市集和產業聯盟電子市集。

在單向電子市集中，大多是單一大型買方或賣方，為提升供應鏈效率，並鞏固自己的市場地位而建立，其中以Dell、思科最著名。

產業聯盟電子市集係由多個單向電子市集匯集而成。即是由多家產業領導企業，在彼此不影響競爭優勢的條件下，共同針對供應鏈中相同的上游供應商，建置一個聯合式的電子市集，共同分享降低成本的利益，E2open、Converge、Covisint均是著名例子。

(二) 公共電子市集：係由第三方所主導的電子市集，包括水平電子市集及垂直電子市集，最大特色是多對多，可以整合多家大小型交易夥伴，連結大小供應商和買家。對於買方來說，可以大大降低交易成本；對賣方而言，則可提高產品或服務的能見度，吸收更多新客戶。

水平電子市集所提供的產品或服務並沒有單一產業之限制，具有跨產業的特性，例如：辦公室用品此類的間接物料（MRO）的電子市集，即是一個最常見的例子。由於MRO不僅與公司的供應鏈沒有關聯，但其採購量又不小，採購時間耗費時日及作業繁瑣，所以很適合以電子市集完成交易。

垂直電子市集是針對單一產業採購處理所形成，通常都與其供應鏈緊密結合，須具產業知識及產業深度。每一個垂直電子市集都有其獨特的運作方式與遊戲規則。

電子交易市集模式與生態

電子交易市集模式

1.一對一模式

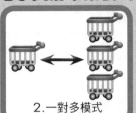

2.一對多模式

3.多對多模式

①買方一對多：係指企業成立一個專屬的電子市集，使眾多供應商到這個平臺來競爭，目的在於達到採購成本降低的目的，以Wal-Mart最為有名。
②賣方一對多：賣方企業單獨架設自己的平臺銷售商品或提供服務，其目的在於開拓更多的客戶群，以Dell最著名。

①水平電子市集（horizontal marketplace）
②垂直電子市集（vertical marketplace）

電子市集生態

1.私有電子市集

①單一大型買方或賣方

實例 思科係透過本身的私有電子市集，客戶可直接取得價格、庫存、規格要求、訂單、帳單及出貨狀況等即時資料。而客戶的採購單傳送至思科的同時，亦同步傳送至思科的經銷商；所以，它立即可獲知庫存訊息，並即時回覆客戶，確認訂單。這整個過程的作業時間約為15～60分鐘，不僅大幅提升效率，亦減少錯誤率。

②產業聯盟電子市集（多家產業領導企業）

實例 E2open是由宏碁、IBM、Nortel、東芝、日立、國際、金星（LG）、Seagate、Lucent、Solectro等國際電子大廠所籌組的電腦、電子及通訊交易市集，而這些大廠每年採購金額高達2,000億美元。即使有那麼多的買方和供應商，但E2open的買方和供應商仍是以一對一的方式進行，任何交易資訊及交易過程，只有雙方才能看到，第三方是看不到的。所以E2open表面上是公共電子市集，但實際運作上仍是以私有電子市集的方式運作。

2.公共電子市集

①水平電子市集
②垂直電子市集

通常一家企業都不會只參加一個電子市集，所以利用在私有電子市集中維持其原有合作關係，但在公共電子市集中又可開拓更多新的合作機會與空間。

237

Unit 7-19
個案　國際大廠採購盛行網路競標

圖解物流管理

網路競標近年來已成為國際電子大廠委外釋單的新模式，包括Intel、Dell均在2002年開始推動，代工廠商則首度透過網路競價搶單，在限時報價下，代工廠商必須壓低價格，才可能獲取訂單。目前適合網路競標的產品項目以標準化程度較高的產品為主，例如：印刷電路板、主機板、電池、標準零組件等。不過，此種下單模式對產品之品質、運輸之控制、配合度的高低均無法進一步評估。

雖然至今產品複雜度被業者視為網路競標的障礙，但是以平臺供應商的角度來看，只要事前準備工作充足，則應可克服其缺點。國際知名之交易平臺業者首席電子商務公司指出，一般性的網路競標流程之範例如下：第一，招標者決定招標品項及品項負責人。第二，品項負責人與各廠商蒐集並確認採購品項規格資料及數量、標案條款，並決定參與競標廠商。第三，品項負責人發出邀標單給參與競標廠商。第四，交易平臺整合廠商協助規格整合及資料分析，並與品項負責人確認招標所需資料、招標規則、時間地點；於系統中建立標案及競標者使用權限，並與品項負責人確認開標價；品項負責人與舉辦競標廠商之說明會。第五，進行線上競標。第六，品項負責人決定及告知各廠商有關得標廠商為何。第七，各廠商與得標廠商簽訂採購契約。

臺灣IT業者對網路競標仍欲拒還迎，由於臺灣本身以製造為強，本就不如歐美熟悉買賣業，而且文化差異與中小企業對上網交易不熟悉、害怕破壞供應鏈之結構、網路圍標等，均是臺灣業者對網路競標仍存疑的原因。首席電子商務公司的觀察發現，網路競標模式也在臺灣逐漸本土化；即是國際大廠採用網路競標的目的是節省供應商家數，使採購工作單純化，人員能有更具價值的決策；但是臺灣業者卻希望增加供應商家數。

資料來源

1. 林信昌，國際大廠採購盛行網路競標，《經濟日報》，2003年5月13日。
2. 曠文琪，網路競標節省成本，大勢所趨，《工商時報》，2003年5月6日。
3. 曠文琪、吳筱雯，網路競標在臺灣，《工商時報》，2003年5月8日。
4. 曠文琪，臺灣市場潛力，居亞太之次，《工商時報》，2003年5月10日。

個案情境說明

> 國際電子大廠委外釋單的新模式，
> 是由代工廠透過網路詢價搶單。

早期以採購印刷電路板為主，在Dell、HP加入後，包括主機板、機殼都成為網路競標接單的重要模式。

網路競標的下單模式是國際大廠先知會其供應商，並在特定時間在網路上開放合格的供應商直接在網路進行報價。

網路競標須事前進行周延的溝通，避免發生流標或事後反悔的情形。

動動腦

◎請試述網路競標的作業模式。

◎若您的公司是一家中小型企業，在面對網路競標的競爭環境下，您應該採取哪些因應措施？請說明之。

◎國內的電子資訊業者在面對國際大廠的網路競標作法時，除加強現有之供應鏈管理的工作外，您認為它如何扮演一個供應商的角色，請加以說明。

Unit **7-20**
個案　德記洋行之QR運作

　　德記洋行在1993年8月開始代理發行原版迪士尼家用錄影帶，曾創下單一品項40萬支之銷售量；但因逐漸無法適應複雜、快速變遷的市場，再加上傳統銷售模式經常造成產量過剩、存貨太多、缺貨來不及補貨的現象，因此該公司透過QR系統之建立，以克服這些困難。

　　德記洋行在導入QR系統之前，首先進行前置作業，包括，第一，專業小組設立、產業現況調查、產業結構、產業特性等。第二，尋找合作夥伴，包括瞭解合作夥伴需求，決定選擇非傳統通路作為合作夥伴，確定潛在合作夥伴（如下游之三商百貨、新學友、金石堂，上游之滾石、博偉），進行QR觀念宣傳，尋求合作可行性及需求探討。第三，確定合作夥伴，即是透過訪談，找到高度興趣者。第四，進行問題評估與訂定階段性目標。首先進行現行問題分析，發現產品之銷售以非傳統性通路為主，約占75%；而因產品特性常造成塞貨情形（生命週期約為二至三個月，而75%銷售量集中在第一個月）。同時也發現過去視聽娛樂產品以傳統通路為主，而德記卻以非傳統通路為主，通路價格不一，平均價格亂，客戶經常抱怨。

　　德記洋行在新品上市前已開始運作QR系統，首先由上游（博偉）、中游（德記）訂出新品資訊，再以Internet傳至下游（三商行），藉此建立新品基本資料，並進一步通知各門市新品價格，且告知德記單品配銷門市清單。第二個步驟，在第一次訂貨前，先由德記洋行提供三商行同性質參考片在各店鋪之銷售情形，進而訂出第一次訂貨建議書，三商行依此加以修正，並確認訂購單，利用Internet傳送訂購資料回德記，直接輸入訂單系統。第三個步驟，德記洋行物流部依訂單揀貨、排貨、送貨至三商行各門市；收貨驗收後，進行條碼及POS銷售作業。第四個步驟，每日合併銷售及進、退、撥貨資料，回傳三商行作每日資料更新。第五個步驟，三商行每週至少兩次將銷售及庫存資料傳回德記，以供德記合併其他零售點資料，製作分析報表，並再向三商行提出補貨建議。第六個步驟，三商行修正及確認回傳德記洋行作補貨處理並送貨，以快速回應市場需求。第七個步驟，則是由德記洋行依分析報表，協助各門市進行品類管理及改善貨品陳列及展示。

　　德記洋行自從實施QR系統後，最明顯的效益是庫存降低；其他效益包括快速補貨，缺貨降低，可隨時隨地促銷，提高銷售量，有充足時間做品類管理、陳列規劃及各店鋪安全庫存管理，減少人工作業，錯誤率有效降低。

　　綜上說明，可瞭解德記洋行在導入QR系統後確實相當成功，歸納其成功因素包括技術面（含商品條碼化、POS系統、EDI功能）、業務面（含進行流程再造、合作雙方緊密結合）、策略面則是獲得高階主管的主動支持。

資料來源

　　1.經濟部商業司，《QR系統實用手冊》，1999年。

個案情境說明

> **德記洋行因傳統銷售模式造成存貨太多等現象，藉由導入QR系統克服困難。**

> 德記洋行在導入QR系統前，先進行前置作業（如專案小組設立、尋找合作夥伴、確定合作夥伴、進行問題評估與訂定階段性目標）。

> 導入QR系統後明顯降低庫存，快速鋪貨等。其成功因素包括技術面（如商品條碼、POS系統、EDI功能）、業務面（如流程再造、合作雙方配合）、策略面則獲得高階主管的主動支持。

241

 動動腦

◎請以本書所提列QR系統導入之步驟，對照本個案，請說明是否相同？若有不同，您認為如何修正會更為妥適？

◎由於德記洋行的產品種類多。未來在提高其供應鏈的管理效率時，應如何做才能達到成效？請加以評論。

五南圖書商管財經系列

職場先修班 給即將畢業的你，做好出社會前的萬全準備！

3M51 面試學
定價：280元

3M70 薪水算什麼？機會才重要！
定價：250元

3M55 系統思考與問題解決
定價：250元

3M57 超實用財經常識
定價：200元

3M56 生活達人精算術
定價：180元

491A 破除低薪魔咒 職場新鮮人必知 50個祕密
定價：220元

職場必修班 職場上位大作戰！ 強化能力永遠不嫌晚！

3M47 祕書力：主管的全能幫手就是你
定價：350元

3M71 真想立刻去上班：悠遊職場16式
定價：280元

1O11 國際禮儀與海外見聞（附光碟）
定價：480元

3M68 圖解會計學精華
定價：350元

491A 破除低薪魔咒：職場新鮮人必知的50個祕密
定價：220元

1F0B 創新思考與企劃撰寫
定價：350元

  五南文化事業機構 WU-NAN CULTURE ENTERPRISE　地址：106 臺北市和平東路二段 339 號 4 樓　電話：02-27055066 轉 824、889 業務助理 林小姐　 五南財經異想世界

五南圖書商管財經系列

職場進階班 培養菁英力，別讓職場對手發現你在看這些書！

3M79
圖解財務報表分析
定價：380元

3M61
打造No.1大商場
定價：630元

3M58
國際商展完全手冊
定價：380元

3M37
圖解式成功撰寫行銷企劃案
定價：450元

1FRZ
圖解企劃案撰寫
定價：320元

1FRM
圖解人力資源管理
定價：380元

1G91
圖解財務報表分析
定價：320元

1G92
圖解成本與管理會計
定價：380元

1FTH
圖解投資管理
定價：380元

1MAA
圖解金融科技與數位銀行
定價：380元

3M62
成功經理人下班後默默學的事：主管不傳的經理人必修課
定價：320元

3M85
圖解財務管理
定價：380元

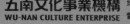
五南文化事業機構
WU-NAN CULTURE ENTERPRISE
地址：106 臺北市和平東路二段 339 號 4 樓
電話：02-27055066 轉 824、889 業務助理 林小姐

f 五南財經異想世界

國家圖書館出版品預行編目資料

圖解物流管理／張福榮著 －－四版．－－臺
北市：五南圖書出版股份有限公司，2021.12
　面；　公分
ISBN 978-626-317-353-8（平裝）
1. 物流業 2. 物流管理
496.8　　　　　　　　　110018492

1FS3

圖解物流管理

作　　者 ― 張福榮

發 行 人 ― 楊榮川

總 經 理 ― 楊士清

總 編 輯 ― 楊秀麗

主　　編 ― 侯家嵐

責任編輯 ― 吳瑀芳

文字校對 ― 陳俐君

封面設計 ― 王麗娟

內文排版 ― 張淑貞

出 版 者：五南圖書出版股份有限公司

地　　址：106 台北市大安區和平東路二段 339 號 4 樓

電　　話：(02)2705-5066　　傳　　真：(02)2706-6100

網　　址：https://www.wunan.com.tw

電子郵件：wunan@wunan.com.tw

劃撥帳號：01068953

戶　　名：五南圖書出版股份有限公司

法律顧問：林勝安律師

出版日期：2013 年 8 月初版一刷
　　　　　2015 年 10 月二版一刷
　　　　　2016 年 11 月三版一刷
　　　　　2021 年 12 月四版一刷
　　　　　2023 年 10 月四版二刷

定　　價：新臺幣 320 元

經典永恆・名著常在

五十週年的獻禮——經典名著文庫

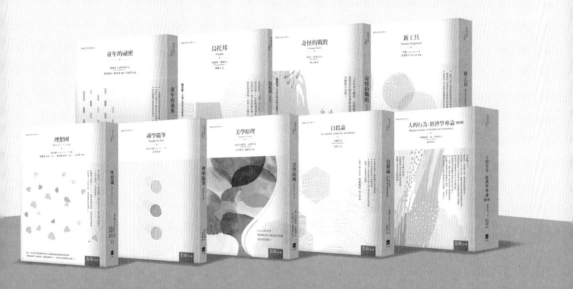

五南，五十年了，半個世紀，人生旅程的一大半，走過來了。

思索著，邁向百年的未來歷程，能為知識界、文化學術界作些什麼？

在速食文化的生態下，有什麼值得讓人雋永品味的？

歷代經典・當今名著，經過時間的洗禮，千錘百鍊，流傳至今，光芒耀人；

不僅使我們能領悟前人的智慧，同時也增深加廣我們思考的深度與視野。

我們決心投入巨資，有計畫的系統梳選，成立「經典名著文庫」，

希望收入古今中外思想性的、充滿睿智與獨見的經典、名著。

這是一項理想性的、永續性的巨大出版工程。

不在意讀者的眾寡，只考慮它的學術價值，力求完整展現先哲思想的軌跡；

為知識界開啟一片智慧之窗，營造一座百花綻放的世界文明公園，

任君遨遊、取菁吸蜜、嘉惠學子！